基础前沿科学史丛书

U0269243

给青少年讲
物质科学

孙亚飞 著

清华大学出版社
北京

图书在版编目（CIP）数据

给青少年讲物质科学 / 孙亚飞著. —北京：清华大学出版社，2022.11
（基础前沿科学史丛书）
ISBN 978-7-302-62140-9

Ⅰ.①给… Ⅱ.①孙… Ⅲ.①物质—青少年读物 Ⅳ.①O4-49

中国版本图书馆CIP数据核字（2022）第204635号

责任编辑：刘　杨
封面设计：意匠文化·丁奔亮
责任校对：王淑云
责任印制：沈　露

出版发行：清华大学出版社
　　　　　网　　　址：http://www.tup.com.cn, http://www.wqbook.com
　　　　　地　　　址：北京清华大学学研大厦A座　　　邮　　编：100084
　　　　　社 总 机：010-83470000　　　　　　　　　邮　　购：010-62786544
　　　　　投稿与读者服务：010-62776969, c-service@tup.tsinghua.edu.cn
　　　　　质量反馈：010-62772015, zhiliang@tup.tsinghua.edu.cn
印 装 者：三河市龙大印装有限公司
经　　销：全国新华书店
开　　本：165mm×235mm　　　印　　张：11　　　字　　数：119千字
版　　次：2022年12月第1版　　　　　　　　　　　印　　次：2022年12月第1次印刷
定　　价：55.00元

产品编号：097618-01

丛书序

给面向青少年的科普出版点一把新火

2022年是《中华人民共和国科普法》通过的第20年，在这样一个对科普工作意义不凡的年份，由北京市科学技术委员会（以下简称市科委）发起，清华大学出版社组织的"基础前沿科学史丛书"正式出版了。这套书给面向青少年的科普出版点了一把新火。

2022年9月4日，中共中央办公厅、国务院办公厅印发《关于新时代进一步加强科学技术普及工作的意见》，进一步强调"科学技术普及是国家和社会普及科学技术知识、弘扬科学精神、传播科学思想、倡导科学方法的活动，是实现创新发展的重要基础性工作"。科学技术普及是科技知识、科学精神、科学思想、科学方法的薪火相传——是"薪火"，也是"新火"。

市科委搭台，出版社唱戏，这套书给面向青少年的科普图书出版模式点了一把新火。市科委于2021年11月发布了"创作出版'基础前沿科学史'系列精品科普图书"的招标公告，明确要求中标方在一年的时间内，以物质科学、生命科学、宇宙科学、脑科学、量子科学为主题，组织"基础前沿科学史"系列精品科普图书（共5册）出版工作；同步设计制作科普电子书；通过网络媒体对图书进行宣传推广等服务内容。这些服务内容以融合出版为基础，以社会效益为初心。服务内容的短短几句话，每一句背后都是特别繁复的工作内容。想在一年的时间内，尤其是在2022年新冠肺炎疫情期间，完成这些工作的难度可想而知，然而秉承"自强不息，厚德载物"的清华大学出版社的出版团队做到了。

中国科学家，讲好中国故事，这套书给面向青少年的科普图书选题内容点了一把新火。中国特色社会主义进入新时代，新一轮科技革命和产业变革正在深入发展，基础前沿科学改变着人们的生产生活方式及思维模式。《中华人民共和国国民经济和社会发展第十四个五年规划和2035年远景目标纲要》提出：在事关国家安全和发展全局的基础核心领域，制定实施战略性科学计划和科学工程。物质科学、生命科学、宇宙科学、脑科学、量子科学等领域，迫切需要更多人才参与研究，而前沿科学人才的建设培养，要从青少年抓起。这5本书的作者都是中国本土从事相关专业领域工作的科学家，这5本书都是他们依托自己工作进行的原创性工作。虽然内容必然涉及科学史的内容，但中国科学家尤其是近些年的贡献也得到了充分展示。

初心教育，润物无声，这套书给面向青少年的科普图书科普创作点了一把新火。习近平总书记提出：科技创新、科学普及是实现创新发展的两翼，要把科学普及放在与科技创新同等重要的位置。因此，针对前沿科技领域知识的科普成为重点。如何创作广受青少年欢迎的优秀科普图书，充分发挥科普图书的媒介作用，帮助青少年树立投身前沿科学领域的梦想，是当前科普出版工作的重点之一，这对具体的科普创作方法提出了要求。这套书，看得出来在创作之初即统一了整体创作思路，在作者进行具体创作时又保持了自己的语言习惯和科普风格。这套书充分体现了，面向青少年的科普图书创作，应该循序渐进，张弛有度，绘声绘色，娓娓道来，以科学家的故事吸引他们，温故科学家的研究之路，知新科学家的科研理念，以科学精神润物细无声。

靡不有初，鲜克有终。2022年10月16日，习近平总书记在中国共产党第二十次全国代表大会报告中强调"教育、科技、人才是全面建设社会主义现代化国家的基础性、战略性支撑"。且将新火试新茶，诗酒趁年华。希望清华大学出版社的这套"基础前沿科学史丛书"为广大青少年推开科学技术事业的一扇门，帮助他们系好投身科学技术事业的第一粒扣子，在全面建设社会主义现代化强国的新征程上行稳致远。

中国工程院院士

清华大学教授

前　言

给青少年的物质科学

小的时候，我生活在农村。那时的农村没有煤气灶，也舍不得用太多电，做饭最常用的锅就是土灶台，烧柴火给铁锅供热。灶台操作起来可是麻烦得很，光是生火就能生出各种意外。所以，家里大人做饭免不了还需要我打下手，别的忙我也帮不上，拉一拉风箱还是可以的。

曾记得，坐在灶边望着炉火，我拉动风箱，火苗就会猛地蹿一蹿，一不小心还会冲出灶膛，燎到额前的头发。每当这时，我都会感到脸上一热，但是习惯之后，倒也不觉得有什么危险，只是有些好奇。

我好奇的是，吹蜡烛的时候，一点小风就能把烛火吹灭，可是风箱施展出那么大的风以后，为什么火焰却会越吹越大？

外婆跟我说，这是因为屋里供了灶王爷——他是一位管灶火的神仙。有了灶王爷的保佑，炉灶里的三昧真火才会旺盛，而且还不会因此失火。

后来，看到《西游记》中孙悟空借来假芭蕉扇挥舞时，火焰山上的火越烧越大，我对三昧真火的这个说法深信不疑。可是，看到《三国演义》里赤壁之战东风助阵的场面，我又有些将信将疑了。

多年以后，我读到了拉瓦锡反驳"燃素"论的故事，对于这个问题的好奇总算告一段落。燃烧是一种氧化现象，通常需要氧气的参与，因此，当风箱给炉灶送风时，加大了空气压力，更多的氧气被一同送入了灶膛。于是，有了氧气的加持，火焰也会更旺盛。不过，风在刮来新鲜氧气的同时，却也带走了热量，若是火焰的温度因此而降低到燃点以下，火就可能会被吹灭。由此也就很容易明白，为什么风能吹灭小火，却会扬起大火。

对于童年时期的不解，用这样物质的思维去解释，或许有些许的无趣，不像"三昧真火"那么引人入胜，但它却是好奇的最佳伙伴。它不会让童心泯灭，只会带着这种"不安分"走向新的空间。

所以，青少年知道多一点物质科学，应该是件好事。

《给青少年讲物质科学》，是我第一次系统性地创作"大科学"的作品。这倒不是我妄自托大，实属物质科学自身的属性。任何一门自然科学都是研究物质的科学，只是研究的角度不同：物理学研究物质之间的作用力与能量；化学研究物质的组成、结构、反应与功能；生物学研究的是物质如何能够"活"起来；天文学研究物质诞生的"老家"……很多时候，关于物质的种种，并不只是单纯的科学命题，更是人类反复思索的哲学命题。

将这些命题完整地解答出来，是古往今来所有人共同的使命。哪怕已经觍着脸站到了巨人的肩膀上，我也只能记录其中亿万分之一二。

在物质世界形成的时空中，翻开这本由物质构成的小书，如果能够因此引发我们对物质的思考，那么物质世界也一定会因为我们的思考而改变。

目　录

物质是什么 1

2015 年 12 月 17 日，中国酒泉卫星发射中心利用长征二号 D 型运载火箭成功地将"悟空"送上云霄，进入太空。"悟空"没有打上南天门，更没有去蟠桃盛宴赴会，只是在用它的"火眼金睛"——空间望远镜等各种精密仪器，以前所未有的灵敏度和能量范围搜索一些神秘的信号。"悟空"是一颗暗物质粒子探测卫星（Dark Matter Particle Exploer，DAMPE），也是中国科学院空间科学战略性先导科技专项中的第一颗空间天文卫星，如果能够如愿，那么"悟空"就能找到暗物质存在的更多证据，甚至有可能让我们一睹暗物质的"真容"。目前，它已在暗物质间接探测和宇宙线起源等方面作出了重要贡献，这标志着我国在空间高能粒子探测领域已跻身世界最前列。

在整个宇宙之中，我们可以看到的物质，大约只占所有物质的 5%，剩下的那部分，大约 27% 是由暗物质构成，还有 68% 则是更让人摸不着头脑的暗能量。

早在 1933 年的时候，一位名叫兹威基·弗里茨（Zwicky Fritz，1898 年—1974 年）的天文学家在研究星系团内星系运动的过程中取得一系列的研究成果，预测了暗物质存在的可能性。当时，他用望远镜观察遥远的星系，却发现他所看到的星系，比通过计算得出的星系质量小得多。于是他就推断，在宇宙中一定还有很多我们看不见的物质，但我们可以感受到它们。就好像夏夜躲在地下鸣叫的蝼蛄那样，只有打开手电筒，挖出土坑，我们才有可能找到它们的踪迹。既然是躲在宇宙中暗处又不发光的物质，那就叫它们暗物质好了。

几十年过去了，人们一直在寻找这些躲在暗处的"蝼蛄"。

在技术水平不断提升的背景下，这似乎不是什么难题。如果要在黑夜中寻找什么，如今的我们并不总是需要等到白天来临，也不必开灯，用红外线夜视仪一样可以奏效。这是因为，能被人眼看到的光，只是被称为"可见光"的那部分，只有当物品发射或反射出可见光时，人眼才能看到它们。当黑夜来临之时，由于这些物体只能发出很微弱的可见光，我们自然也就很难再看到它们。可是，即便是在暗处的物品，仍然可以发射出红外光，人的肉眼虽然看不见，可是戴上一双可以看到红外光的"眼睛"，就能看清黑暗中的世界了。我们探索未知世界需要动用很多技术，红外线只不过是一个缩影。我们想要找到的目标，哪怕就是像蝼蛄那样躲在地下，我们现在也有很多办法找到它们的踪迹。实际上，在自然科学中，常常把紫外线、可见光和红外线，统称为光辐射，它们都属于光波。

伽利略

正因为如此，人们一开始并没有把弗里茨预言的暗物质当回事，只是猜测，这些看不见的物质，大概就是一些光线暗淡的星球罢了，我们的肉眼看不到，是因为它们实在太遥远，说不定换个合适的仪器就能看到了。更何况，这样的故事早就已经发生过——人类在地球上原本看不到木星的那些卫星，可是伽利略用一台非常朴素的望远镜，就发现了其中的四颗，除了木卫二，其他三颗甚至比月球还要大。所以，关于暗物质的一个合理假设，是宇宙中必然有很多没有被我们发现的天体和星系等，它们发出的可见光太弱，而地球距离它们又实在太远，只有靠一些间接的办法才能找到它们。

后来，在仪器的帮助下，科学家们借助红外线及其他各种技术，果然找到了一些黑暗中的星球，验证了这个想法。事实上，只要是人类可以想到的办法，全都用上了，这才有了一些新的发现。但是，就算加上这些星球，还是有很多物质，我们依然把它们视为"暗物质"——可以感受到它们的存在，却没有任何办法观测。

会不会还有其他一些可能呢？随着研究的深入，科学家们否定了一个又一个假说，至于暗物质究竟是什么，到现在还是不知道。唯一达成共识的是，科学家认为，这些暗物质虽然包括不发光的天体、星系晕物质等重子暗物质，但我们一般意义上更关注的是那些仅参与引力作用、弱相互作用而不参与电磁作用的非重子中性粒子等。无论如何，我们相信，终有一天我们可以认识它，并由此拓展我们的视野。

如今，当我们问起"物质是什么"的时候，也只能就已知这5%的宇宙做出回答，就是那些具有客观实在性的物质。对于那些未知的暗物质，还有更神秘的暗能量，我们不敢妄言。

而在这些可以被观测的宇宙中，我们将一切都视为物质——除了我们对物质的理解本身，这种理解被称为"意识"。物质和意识之间的关系，是一个古老的哲学命题，它就像一个绕不过去的海角，当我们对这个世界有所思考的时候，总不免要在这处海角——被称为唯物主义哲学基石的物质概念——逗留，有时候还要写个"在此一游"，广而告之。围绕着物质与意识，人们分为若干门派争论不休，怎样看待它，也就决定了"物质是什么"的答案。

意识就好比是已知物质世界的边缘。如果我们把意识看成一个气球，那么这个气球就将物质世界分为两个部分，气球以外的那部分，我们不知道是什么，潜意识里感觉存在的那部分就称它们是暗物质，而在气球内的这部分，显意识感受到的是这5%已知的宇宙世界。只不过，每个人的意识各不相同，气球的大小也不尽相同，看待物质的角度也就有了巨大的差异。意识对物质的关心问题也是哲学的基本问题。

不经意间，对于物质的观点甚至会左右我们对宇宙的探索。

当美国科学家本杰明·富兰克林（Benjamin Franklin，1706 年—1790 年）在那个雷雨天放出风筝时，他把难以捉摸的闪电当成了物质。

当德国物理学家威廉·康拉德·伦琴（Wilhelm Conrad Rontgen，1845 年—1923 年）给太太拍摄手掌骨骼的照片时，他把神秘未知的 X 射线（伦琴射线，俗称 X 光）当成了物质。

当英国物理学家彼得·希格斯（Peter Higgs，1929 年—）建立起希格斯场的假说时，他把未被观察到的希格斯玻色子当成了物质。

……

类似这样的故事或许永远都不会结束。只要我们合理而勇敢地去放大意识，似乎总有机会去找到一点新的物质。就像当我们把气球越吹越大时，那就意味着，气球外的空间又小了一点点。无论这点变化多么微不足道，它都意味着我们还在继续前行。

所以，物质就是不依赖我们的意识又能够被我们所理解的一切真实存在的事物，除了我们的"理解"本身。物质的集合一直在变化，哪怕我们不能就"物质是什么"的问题达成共识，也不必为此感到烦恼，这就是物质世界本来的模样。

至于我们熟悉的这个物质世界，要从 138 亿年前说起。那时，所有的物质，也包括所有的能量，全都集中在一个"点"上，这个点被称为奇点。

突然，奇点发生了爆炸，也就是著名的"宇宙大爆炸"。很快，物质以粒子的形式溅射出来，宇宙开始膨胀。此时，宇宙的温度高得出奇，

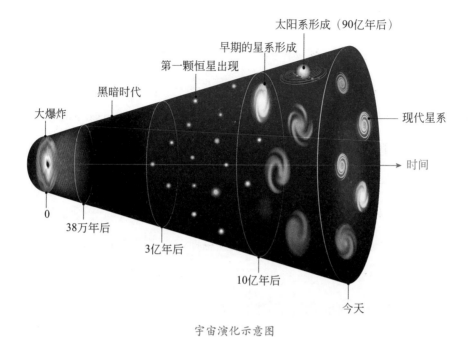

宇宙演化示意图

电子、夸克还有胶子都是宇宙中稳定存在的粒子。它们都小得出奇，然而希格斯玻色子为它们赋予了质量。

膨胀的宇宙快速降温，夸克和胶子也开始相互碰撞，胶子在夸克之间传递着强相互作用，就像胶水一样把夸克粘接在一起，形成了更大的粒子。我们现在知道，夸克是组成强子的更基本的粒子，有 6 种夸克及对应的反夸克，其中有两种分别被称为上夸克（u）和下夸克（d）。它们都带有电荷：上夸克带有 2/3 个正电荷，下夸克则带有 1/3 个负电荷。于是，两个上夸克和一个下夸克结合成带有一个正电荷的粒子，它被称为质子；两个下夸克和一个上夸克则结合成电荷为零的粒子，它被称为中子。通过加速器实验，科学家已全部观测到这些夸克粒子的存在，但实验上还没能分离出单独存在的具有像这样分数电荷的夸克。

随着宇宙温度进一步降低，质子和中子也可以紧紧地结合在一起，如果它们再碰到带有一个负电荷的电子，就能够组成原子。原子是构成万物的基石，我们这个有关物质的故事也将从这里正式开启。

2 世界万物的基石
——原子的概念是怎样被提出来的

被分割的物质

当人们对宇宙中的物质的认识发展到原子层面的时候，似乎一切故事都将变得简单而清晰，毕竟原子的世界，是一个我们很容易触摸到的物质世界。尽管我们早已明白，原子并非是最小的物质单位，但还是会将它看作构成这个世界的基础，因为它是组成单质和化合物分子的最小微粒。

然而，想象出"原子"这种模型，对人类来说无异于一场巨大的思想变革。

地壳表面的一块岩石，无论它有多结实，在水、生物与风力等因素的长期联合作用下也会发生崩解——这就是地质学所说的风化作用。这样的风化作用，它可以是物理的、也可以是化学的或生物的作用。例如，大石头逐渐风化成小石头，而小石头还可能会继续裂开，再被苔藓附着，伴随着生物的作用，变成砂砾，最后实在太过微小，和黏土揉在一起，不分彼此。

这样一种司空见惯的现象，会给人带来自然而然的启发：大块头的物质是由小个子物质组合而成，而小个子物质又是由更小的物质组成。

毫无意外，顺着这个思路，我们会进一步展开联想，向自然界发问：如果把石头这样的物质一直切割下去，是否存在最小的石头单元？把这种最小的石头单元堆砌起来，是否又可以重新变成石头？

很难说这些问题的实际价值如何，它们看起来像是我们现代人吃饱喝足才会拥有的意趣。至于使用石器的史前人类，在面对满地形状各异的石头时，他们是否也有过这样的想法，如今早已不得而知。

但是，随着人类文明逐渐建立，这些问题在生活中其实是难以回避的。

比方说，河东和河西有两个部落做买卖。河西边的部落有黄金，不妨就叫黄金部落；河东边的部落有贝壳，那就叫贝壳部落。黄金和贝壳这两种物品，都曾经被作为货币使用，所以，这两个部落都有了采购物品的资本。

有一天，黄金部落有个人带了一锭黄金去河东做生意，而这锭金子可以买一头大牛或者两头小牛犊。转悠了半天以后，他在贝壳部落看中了一头小牛犊，就想买下它。这牛犊只要半锭金子，于是黄金部落的这位买家就和牛主人商量，把金锭切一半，刚好可以买下小牛犊。对牛主人来说，这个办法似乎没有理由拒绝，他就顺理成章答应了。

过了几天，贝壳部落的这位牛主人也去黄金部落赶集了，他带了一枚稀有的贝壳，想去买个木犁回来耕地。巧得很，上次买牛犊的那个人是位木匠，刚好打了一把很不错的木犁，被牛主人瞧上了。但是，一枚贝壳能买下两把这样的木犁，于是牛主人就琢磨，要不和上次一样，把贝壳也一分为二，问题不就解决了？显然，对于黄金部落的木匠来说，他不太可能会答应这个要求，因为常识告诉他，被分为两半的贝壳不值钱。

到底是什么决定了黄金和贝壳各自的价值？从这两笔买卖中很容易看得出来，虽然黄金和贝壳都是货币，但是黄金的价值在于这种物质本身，和它的外形无关；而贝壳的价值却体现在物品之上，和它的外形有关。换句话说，把一锭黄金一分为二，得到的是两锭小一些的黄金；把贝壳一分为二，得到的却是贝壳的碎片，而非两个小一点的"黄金"。

可以分割的黄金

生活中还有比这更复杂的情况。

按照国家的相关规定，在图书的版权页上，出版机构会注明书的开本信息，比如本书在版权页开本那个地方写的就是"165mm×235mm"。我们稍加留心就会发现，不同开本的书，大小差异很大。一般来说，出版机构会根据书的内容来确定选用什么样的开本。除了图书，生活中我们还时常会见到报纸、便笺、作业本、日记本、海报等各式各样、大小不一的纸。这说明，一张纸，按需裁剪之后，便可以发挥相应的价值。相应地，如果不按需裁剪，就会变成废纸。

可见，纸张和黄金还有贝壳又不一样。它既不像黄金那样，无论怎么切割都能保留货币属性，但也不像贝壳那样，哪怕只是切成两部分都会一文不值。

黄金部落的那个木匠，总是要和各种木头打交道，而他在收集木头的时候，也会面临和纸张一样的问题，大一点的木头能做房梁，小一点的木头可以打木犁或作为各种家具部件，可要是把木头锯得太细碎，最后就只能当柴火烧了。

贝壳部落的那个耕农，要是牛犊子不幸夭折，等他含泪卖牛肉的时候，还会碰到更蹊跷的事情——同一块牛肉，分割成两块同样大小的肉之后，要是一块肥、一块瘦，就算大小相同，实际价值也是不一样的。

对于古人来说，因为贸易双方需要评定商品的价值，必然会对不同商品在分割之后的特征进行分析，哪些商品可以任意分割、哪些商品可以适当分割、哪些商品根本不能分割，这都不能大意。这些问题反映到一般意义的物质上，就不由得令人好奇：要是把一种物质无限分割下去，会发生什么？

可见，先民对物质的探索，就不只是一件吃饱了没事干才会去想的问题。从古至今，几乎所有的哲学家都会表述自己对物质的看法。

古希腊先哲们在思考

大约距今 3 000 年的时候，位于现代希腊到土耳其一带的那片地方纷纷建起了一些城邦，像雅典、斯巴达之类的地名，都起源于那个时代的城邦名。

古希腊的这些城邦，即便不是地中海的港口城市，到港口的距离也不会太远。于是，他们发展出精湛的航海技术，在各个港口之间穿梭，并形成了发达的商贸文化。来自天南海北的各种商品，都在这里交汇，形成了一张庞大的网络，贸易复杂程度远不是买牛犊和木犁这么简单。

正如前面所说，商品的分割成为迫在眉睫的论题，对它刨根问底，就是在寻找物质的本源，一大批思想家对此争论不休。

最初，在一座叫米利都（Miletos）的古希腊城邦（今属土耳其），涌现出大批哲学家。米利都的旧址位于现在的小亚细亚半岛西岸，在陆

古希腊城邦经商盛景

地上只能算是偏僻的边陲地区，但是从海上来看，却是一座四通八达的交通枢纽。在公元前 8 世纪后，米利都成为古希腊工商业和文化中心之一，也是在东部最大的城市。当时，除了希腊各城邦外，无论波斯、新巴比伦还是埃及、叙利亚，贸易路线都离不开米利都。可以说，米利都占尽地利，也因此汇集了各地的思想。

关于物质的本源，在如今留下的记载中，最早就来自米利都的泰勒斯（Thales，约公元前 624 年—约前 547 年），他甚至被称为古希腊的第一位哲学家，被誉为"希腊七贤"之一。他的思想影响深远，甚至由此诞生了以他为首的古希腊第一个哲学学派——米利都学派。由于米利都所处的地区在当时被称为伊奥尼亚（Ionia，也叫爱奥尼亚），所以他建立的这个学派的理论成为伊奥尼亚哲学的主要组成部分。

泰勒斯原本的兴趣是在几何学与天文学的研究上，提出过一些几何定理，为此还学习了埃及和巴比伦的相关知识。他最为后世所称道的，就是曾经成功预测了公元前 585 年 5 月 28 日这一天的日食。虽然这个典故至今还存有疑问，但他的确利用自己的所学，估算出了太阳的直径，并解释了日食的形成原因。对于航海贸易而言，海潮、风向都可能会让一笔原本获利颇丰的买卖瞬间打了水漂，因此，各种天文现象都很重要。可以想见，像泰勒斯这样精通天文学的哲学家，在当时商人们的眼中就如同神明一般，人们必然也会将"物质本源"的答案寄托在他身上。

他说，物质的本源，就是水。万物皆由水而生成，又复归于水。

这个离奇的想法，实在有些让人难以理解。对此，他解释道，水本身是液体，可以结冰，也可以变成气体，而自然界中所有的物质，无非就是固、液、气三种状态。可见，水是万物之源，万物都有水的特性，水的特性也在世界万物中都体现了出来。他还说，连大地都来源于水，就像埃及泛滥的尼罗河会把淤泥冲积成滩涂或三角洲一样，我们生活的这个大地也漂浮在水上。

显然，他并没能解释明白物质的本源，甚至回避了实体的物质分割后是否还是原来物质的基本问题。

但是不管怎么说，这是人类历史上第一次有人清晰地阐述了万物之根本，泰勒斯思考的精神会一直留下来。

在此之后，米利都学派的其他成员又进一步发展和修正了泰勒斯的观点。有人提出了气，有人提出了火，还有人提出了土。最后，出生于阿克拉加斯（今意大利阿格里根斯）的古希腊哲学家和诗人恩培多克勒（Empedocles，约公元前495年—约前435年）提出四元素说（即"四根说"）。他把万物的本源称作"根"，认为水、气、火、土就是这个世界上的四种基本元素，它们是不变和永恒的，不能自己运动和相互转化，但可以由这四种元素按不同比例组合和排列，构成不同性质的物质。换句话说，把世界万物进行切割，最终就会得到不同比例的这四种元素。这些元素都是以我们看不到的微粒形式存在，它们之间通过作用力结合在了一起。

恩培多克勒创造性地提出了元素的假设，经过这样的修正之后，物质本源的问题就有了一个还凑合的答案。如果万物的本质都是水，那我们不太好解释，为什么单一的水可以形成这么多种物质。但是，如果万物的本质有两个元素，解释起来就容易多了。就像水和面粉混在一起那样，水多的时候是糨糊，水少的时候是面饼，可以制造出许多种面食来。现在，世界万物的本质有四个元素，它们之间的比例可以是千变万化，通过调和，构造出世间万物，出现这样的结果并不意外。

恩培多克勒的这个想法，某种意义上说还真是没有说错。在第7章里，我们还会看到现代科学理论中，仅仅依靠四种基本的化学元素，就构造出各种神奇的生命分子，这正是恩培多克勒所设想的模式。

但是，直到这个时候，要想说明白物质被彻底分割后的本源究竟是什么，依然还欠点火候。我们并不知道，恩培多克勒所说的水、气、火、土，是否就等同于客观存在的这些物质。在他自己的理论框架中，与其说四种元素是一个个真实存在的物质，还不如说是意识在物质世界中的反映，四种元素理论说成为一种象征，就像中国的五行学说一样。

五行的本意，代表的是金、木、水、火、土五大行星。用这些词汇来对这五个行星命名，很难不让人联想到恩培多克勒的"四元素说"，因此，五行也被称为中国古代思想家的"五元素"学说。他们把金、木、水、火、土五种物质作为构成万物的元素，以说明世界万物的起源和多样性的统一。虽然它们是真实存在的物质，但它们代表的内涵，却复杂得超乎想象，而且，五行之间还有紧密的联系，形成相生相克的关系，具有朴素的唯物论和自发的辩证法因素。虽然"五行"说后来被唯心主义思想家神秘化，比如人体内的心、肝、脾、肺、肾这五种器官，也被纳入五行之中，心属于火，肝属于木……尽管我们并不能从心脏中看到火苗，更不会看到肝发芽结出种子，但有关五行的很多合理性解释还是

相生相克的五行

被保留下来了。"五行"说对中国古代天文、历数乃至医学等的发展起到了一定作用。

同样，在恩培多克勒看来，四种元素也有虚拟的一面，这种朴素的唯物主义学说可由希腊神话中的四神代表：宙斯是火，赫拉是气，涅司蒂是水，而埃多涅乌是土。这样的象征意义，早已渗透在各种文化之中，我们直到现在也还可以看到。比如黄道星座，除了蛇夫座以外的十二星座，在占星学上具有重要地位，它们就是按照四种元素被分为四象，循环往复。这里的四元素就和五行一样，和实际的物质已经没有多少联系了。

就在恩培多克勒降生前不久，米利都还迎来了另外一位哲学家留基伯（Leucippus，约公元前 500 年—约前 440 年）。关于他的历史记载并不是很多，后人猜测他成年后的主要活动地区是在色雷斯（Therace）城邦，在那里他结识了另一位哲学家德谟克利特（Democritus，公元前 460 年—前 370 年），并以师生相称，将平生所学倾囊教授给他的这位学生。

留基伯的观点可能也受到恩培多克勒的启发,认为物质是由很多微粒构成,只不过他眼中的微粒并不是那么虚无缥缈,而是真实存在的。而且,不只是有水、火、气、土的微粒,万物都有各自的微粒,它们的本质相同,但是大小、形状以及运动的方式不同。

德谟克利特进一步发展了留基伯的理论,给这种微粒起了一个名字,叫 a-tom,也就是后来的 atom(原子),从而形成了欧洲最早的朴素唯物主义的原子论。他们认为,宇宙万物是由最微小、坚硬、不可入、不可分的物质粒子——原子所构成的。他把恩培多克勒的元素学说也融合进来,认为原子没有那么多种类,而是分别隶属于水、火、气、土这四种元素。每一种原子在性质上相同,但都有各自的形状特点,其大小是多种多样的。我们既不能将它们分割,也不能创造出它们。按照不同的形式组合,就可以构成所有的物质。德谟克利特的原子论可以解释日月、星辰以及天体形成的原因,甚至其认为人的灵魂也是由原子构成的。

德谟克利特的原子论是难能得可贵的,虽然在当时的条件下,无法得到科学实验的验证,但却能被人们所接受。至此,人类终于猜测出物质的本源——并用"原子"为它命名。尽管这个理论后来被证明仍然存在很多错误,但它构建的模型却与 2 000 多年后的科学理论不谋而合。到 19 世纪初,这种学说在新的历史条件下逐步发展成为近代的科学原子论。

给原子排排队

德谟克利特的猜想，曾经被古希腊大哲学家、思想家柏拉图（Plato，公元前 427 年—前 347 年）采纳了一部分。此时，希腊哲学的中心已经从米利都转移到了雅典，柏拉图正是雅典学派的代表人物之一，柏拉图还把他的学问传授给了学生亚里士多德（Aristotle，公元前 384 年—前 322 年）。但是，亚里士多德并不很相信原子是真实存在的，转而研究起恩培多克勒的想法。在他看来，有没有原子并不重要，只要元素的性质经过调和，就可以形成千变万化的物质。

亚里士多德是古希腊哲学家，其影响力巨大，在多个科学领域的发展都做出了很大的贡献。在哲学上，他提出潜能与实体说，解释了世界的运动性和变化性，但是他对原子的漠视，也让后世的很多人都不再认为物质是由一个个真实存在的小微粒构成——等到人们意识到这是个错误时，已经是 17 世纪的事了。此时德谟克利特的名字都快被人们遗忘，更别提原子的假说了。当英国科学家罗伯特·波义耳（Robert Boyle，1627 年—1691 年）和艾萨克·牛顿（Isaac Newton，1643 年—1727 年）这样的大科学家都在猜想物质中的微粒时，他们都没有想起使用"原子"这个词。

直到 1808 年，英国科学家约翰·道尔顿（John Dalton，1766 年—1844 年）才又正式启用了"原子"的概念，发表"原子学说"，首次提出物质是由不连续的最小微粒——原子组成的。他将原子视为构成物质的最小单元，合理地解释了当时已经发现的化学现象。不同于德谟克利特，道尔顿并不只是从逻辑上猜测原子的存在，而是根据当时已有的实验结果证实原子存在。他同时也对原子设定了几个规矩：元素最基本的粒子就是原子，不可分割，在化学变化中保持不变；同一种元素的原子，形状、质量和性质都相同；不同元素的原子能够以自然数的比例相结合。

道尔顿的这些论断就是现代科学认识理解原子的基础，奠定了近代化学的科学理论基石。尽管原子很小，但是我们不能因此就否定它们的存在。还有一点是，道尔顿所说的元素，也早就不再是水、火、土、气这四种凭空猜测的元素，而是此前由波义耳提出的约定——无论怎样操作都不会被分解的单一物质，如氢、氧、碳、铁等。

显然，这里的"元素"，其实更应该被称为"单质"——由同一种元素的原子构成的物质，只不过，当时的人们并不知道原子还会构成分子，误认为所有的单质都是由一个个原子直接堆积而成，所以，单质自然就被视为元素本来的面貌。其实，在道尔顿那个时候，也已经有少量的证据对这种论述提出了质疑，比如同样是仅由碳形成的物质，既可以是石墨，又可以是钻石，那么到底哪一种才能代表碳元素呢？

神奇的碳

后来，在此基础上，元素的内涵得到了修正，它成为一类物质的总称。就好像"猫"这种动物有很多血统，可以是黑狸花，也可以是波斯猫，每个血统都不能代表整个物种。在这里，单质好比是纯种猫，而元素就好比是物种，至于原子，指的当然就是个体了。再后来，元素在化学上发展成为不能再分解成更简单的物质的概念，就是我们现在所说的化学元素的简称。

有了这样的区分，我们终于可以明白，亚里士多德那个年代对元素和原子的争论，多少有些盲人摸象。原子是构成物质的真实个体，而元素是对不同原子的分类，它们不过是描述物质的一体两面。

但是，既然用元素对物质进行分类，那么这个地球上到底有多少种元素呢？19世纪的很多化学家都在研究这个题目，而他们的依据，就是道尔顿对于不同原子的论断——相同的元素有着相同的原子，那么如果原子不同，大概就是不同的元素吧？

虽然原子太小，肉眼无法看到，但是科学家们却有很多办法识别出原子是否相同，其中最重要的一条就是测算不同原子的质量。

就这样，道尔顿提出原子论的时候，人们还只能胡乱地猜测出十几种元素。半个世纪过去以后，人们却已经可以准确地识别出五六十种元素。

这么多种元素，想要记住它们也不容易。于是，有些科学家就想了个办法，把不同的元素按照一定的顺序排列起来，最简单的依据自然还是原子质量了。

这一排不要紧，有人发现，不同的元素之间好像还有着某种规律：按照原子质量从小到大的顺序，似乎每隔几个元素，它们的性质就会轮换一个周期。就好像我们编排日历的时候，每隔7天，就会依次从星期一排到星期日。

元素的这个规律，当时很多人都认为只是一种巧合，但也有几位学者认为，这些元素的背后，应该还藏着某种未被发现的神秘力量。

到了1869年前后的时候，俄国科学家德米特里·伊万诺维奇·门捷列夫（Дми́трий Ива́нович Менделе́ев，1834 年—1907 年）总结了前人发现的各种现象和规律，正式提出了"化学元素周期律"，并据此绘制出著名的元素周期表；表中各元素是按原子序数由小到大依次排列，元素的性质随着原子序数的增加而呈周期性的变化。虽然他说的有一些道理，但是质疑他的人很多，因此，元素周期律一开始也就没有引起什么反响。

新生事物的诞生往往不是一帆风顺的，甚至会受到非难或指责。不过，门捷列夫似乎已经预判了这个局面，在表述时还留了个心眼。在他的元素周期表中，他特地留了 4 个空格，预言了一些尚未发现的元素，声称这些位置将会有新的元素填充进去。1871 年，他又把预言元素的空格由 4 个改为 6 个，并且把这些元素的性质都给预测了。元素周期表为寻找新元素提供了一个理论上的向导。

这个办法就好像是在做数列游戏。比如，如果给我们一列数字：1，1，2，3，5，8，13，（？），34，那我们很容易猜到，括号中问号的数应该是 21，这是一段非常出名的斐波那契数列（或斐波那奇数列）。门捷列夫的预言也是这样的原理，只是需要等候一个在括号中填写数字的人，一旦结果契合，自然也就印证了他的论断。

仅仅经过 10 年，门捷列夫预测的新元素应验了。例如，1875 年，原子量为 68 的"类铝"（符号为 Ea，意为类似铭的某元素）被发现了，被命名为镓（Ga，原子量 69.7）。原子量为 45 的未知元素——"类硼"（符号为 Eb，取名为 ekaboron，意为类似硼的某元素）于 1879 年被瑞典化学家拉斯·弗雷德里克·尼尔森（Lars Fredrik Nilson，1840 年—

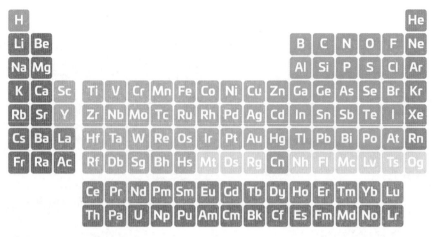

现代元素周期表

1899 年）发现了。他用拉丁语中表示 Scandinavian（斯堪的纳维亚半岛，瑞典和挪威就位于此岛上）的词语将这个新发现的元素命名为钪（Scandium，符号为 Sc）。钪的相对原子质量为 44.95，正是门捷列夫预测的那个缺失的元素。1886 年，"类硅"（符号为 Es，意为类似硅的某元素）也被发现了，被命名为锗（符号为 Ge，原子量 72.6）。根据当年门捷列夫关于元素周期律的猜测，这种新元素应该和空格元素在很多方面非常相似，事实上也的确如此，发现者都佩服得五体投地。有了这样的验证以后，科学界再也不能对门捷列夫的发现熟视无睹了。

至此，门捷列夫对按照原子质量顺序找规律的这个方法也非常信任，只是他始终搞不明白，为什么后来总有几个元素的顺序不太对，就好像刚刚过完星期一，时间又回到星期日了。

这一切，其实都源于他对原子最根本的执念——原子是物质不可分割的最小单元。

而在第 1 章的结尾，我们已经知晓，是比原子更小的一些微粒构成了原子。因此，原子不仅可以继续分割，而且相互之间还可以发生转变。

好戏，才刚刚上演。

永不停息的融合

门捷列夫临终前，听说了这件他最不愿意相信的事：原子是由更微小的微粒构成，其中至少存在一些带负电荷的电子，还有一个带有正电荷的原子核。

他之所以不愿相信，是因为一旦存在这种可能性，他所建立的元素周期律，很可能就要崩塌。那是他一生中最为得意的作品，他不想就这样放弃。

然而，事实证明，门捷列夫多虑了，元素的周期律恰恰源于它更精细的内部结构，我们还会在后面谈及此事。而且，这样的新发现也不会削弱门捷列夫的历史地位，只会让人更加感到他寻找自然规律的本领不可思议——在没有发现原子的结构前，他居然只靠草稿纸上计算的数据就推断出了如此精妙的自然规律。

在所有原子中，最微小的氢原子我们已经见识过，它由一个质子还有一个电子组成，结构非常简单，质子便是它的原子核。

然而，在宇宙大爆炸后不久，质子和中子"抱"在一起的那个结合体，它的化学特性居然也和只有一个质子的氢原子非常相似，看起来属于同一种元素。电子比质子小得多，在原子质量中可以不去考虑，可是中子的质量和质子差不多，一个质子加上一个中子之后，原子的质量就翻倍了。按照门捷列夫的观点，原子质量决定元素的特性，这两种物质的重量相差一倍，它们的特性应当大相径庭，怎么还会有这样相似的结果呢？

类似的情况还有很多，因此科学家们在门捷列夫的研究基础上又开展了很多实验，终于认定：元素的性质和原子核中的质子数量有关，和中子的关系不大，和原子量之间自然也就没多少关系了。只不过，质子越多的原子核通常中子也更多，原子的质量相应也会更大。所以，对于绝大部分元素来说，门捷列夫猜测的依据都奏效了。这既是一种有些巧合的自然规律，也是我们人类的幸运——否则我们还要再等待更久的时间才能迎来那个发现元素周期律的人。1906 年，诺贝尔奖委员会拟将化学奖授予门捷列夫，但遭到瑞典皇家科学院个别科学家的强烈反对。次年 2 月，门捷列夫与世长辞，成为诺贝尔奖史上一大遗憾。

随着天然放射性现象（1896 年）和同位素（1910 年）的相继发现，人类对原子结构的认识更进一步；还有人工合成元素的进展，它们又使元素周期表得到不断被丰富和发展。

不管怎么说，我们现在已经确信，当原子核中只有一个质子时，它就属于氢元素。反过来，构成原子核的，除了这个质子以外，可以什么都没有，但也可以有一个中子。为了区分这两种氢，没有中子的一种被称为氕，有一个中子的则被称为氘。在宇宙之中，充斥着大量的氕和氘。

实际上，除了氕和氘以外，氢原子还有第三种形式，就是由一个质子和两个中子构成，被称为氚。氕、氘、氚在汉字中的写法，就已经形象地标明了它们的内部结构。因为它们都属于氢这一种元素，原子序数相同，在元素周期表上占据着同一个位置，只是中子的数量和质量数不同，且化学性质几乎相同，所以它们就是氢的三种"同位素"。不过，氚并不会很稳定地存在，所以宇宙中的氢原子，主要还是由氕和氘这两种同位素构成。绝大多数元素都有多种同位素。

在宇宙中出现了大批的氢原子以后，因为各种引力的关系，它们就团簇在一起，形成大片的尘埃云。此时，原子之间会发生非常复杂的相互作用，其中有一些作用，我们还会在后面的章节中了解到。

这些以氢原子为主构成的巨大云团，在蓄积到一定体量的时候，就会开始坍塌。所谓坍塌，就好比我们嚼着口香糖吹起一个泡泡，泡泡破了以后，口香糖就会立即收缩，糊在嘴唇上。只不过，造成氢云团坍塌的原因，是那个让牛顿想破了脑袋的"万有引力"，它吸引着云团外围的原子向着中央飞去。

坍塌的云团让原子之间的距离越来越小，打破了原有的平衡。紧靠在一起的氢原子会相互摩擦，产生热量，以至于它们的温度越来越高。高温会让它们再次失去捕获的电子，成为孤独的氢原子核，同时不断的挤压又会让原子核之间的距离靠得越来越近。

如果不是这样极端的环境，很难想象如此多的氢原子核会相互紧挨，它们自身携带的正电荷本应该让它们之间同性相斥。挤在一起的氢原子核靠得实在太近，它们相互撞击，终于在条件合适的时候，再一次引发了爆炸。比起宇宙大爆炸来说，这样的爆炸虽然规模小得多，却也足够绚烂——第一批恒星正是因此而被点亮。

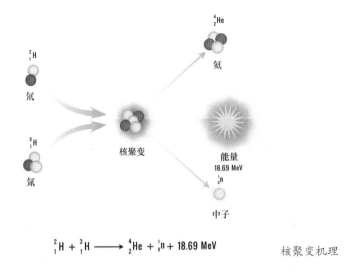

$$_1^2\mathrm{H} + {_1^3}\mathrm{H} \longrightarrow {_2^4}\mathrm{He} + {_0^1}\mathrm{n} + 18.69\ \mathrm{MeV}$$

核聚变机理

在恒星内部的爆炸中，氢的原子核——主要还是氘和氚——会发生融合，这个轻原子核聚合为较重原子核的过程就被称为核聚变。聚变的同时将发出巨大的能量。它们的聚合方式十分多样，例如，一个氘和一个氘，它们就可能发生非常简单的核聚变过程，直接融合在一起，从而得到有两个质子和一个中子的原子核。有两个质子的原子属于氦元素，所以这是氦的一种同位素。只不过，氦元素不像氢那样受到特殊优待，人们并没有给它的同位素赋予各自的名称，一般就用氦-3 称呼这种同位素，其中 3 代表的是同位素中质子与中子数之和。

这种氦-3 还会和氘继续发生核聚变，产生氦-4，也就是包含两个质子和两个中子的原子核，剩余的那个质子——也就是氢核，又会接着和其他原子核相撞。将氢的同位素氘与氚的原子核无限接近，在特定条件下可使其发生聚变而形成氦核，同时放出一个中子，就能释放出巨大的能量。

宇宙大爆炸初期产生的原子核种类还有好几种，除了氢以外，还有少量的氦，以及拥有 3 个质子但也更微量的锂元素，它们都会参与核聚变过程中。

就这样，原子核不断地撞击聚合，形成了新原子核，总质量会有些许降低。而我们将在第 5 章说到的爱因斯坦质能反应方程式，在这里也一样适用，因此在核聚变过程中，会释放出巨大的能量。正是如此巨大的能量，支撑着核聚变继续发生，爆炸也在不断地进行。

正如春秋时期思想家、道家创始人老子在《道德经》中所说："道生一，一生二，二生三，三生万物。"原子核中的质子数目逐渐增加，新的元素由此出现，万物都以此为基础。以老子为代表的东方哲学家，并没有提出和希腊哲学家那样旗帜鲜明的原子论，但是不可否认的是，他们的物质观却以原子变化的形式得到了印证。

整个过程就像是多米诺骨牌一样，一旦启动就不会停止，拉扯出产生新元素的链条：6 个质子的碳、8 个质子的氧、14 个质子的硅……它们在核聚变的链条中占据优势，比例也较其他元素更高一些。

一般条件下，发生聚变的概率很小。自然界只有在太阳等恒星内部，因其温度极高，轻核才有足够动能克服斥力而发生持续的聚变。实现聚变反应需要上千万摄氏度以上的高温和高压。研究受控热核聚变是解决能源枯竭的重要途径。核聚变与太阳发光发热原理相同，因此，可控核聚变研究装置又被称为"人造太阳"。核聚变原理看似简单，但要让聚变反应持续可控，可以说，难于上青天。据新华社 2021 年 5 月 28 日报道，通过 40 年的努力，有"人造太阳"之称的全超导托卡马克核聚变实验装置（Experimental Advanced Superconducting Tokamak，EAST）创造新的世界纪录，成功实现可重复的 1.2 亿摄氏度 101 秒和 1.6 亿摄氏度 20 秒等离子体运行，向核聚变能源应用迈出重要的一步，未来可建设聚变电站。

不断的聚变过后，原子核越来越大，恒星中原子的数量却在不停地减少，因此恒星的内部就如同一座被挖空的山洞一般，若不是核聚变产生的巨大能量，随时可能发生坍塌。

当核聚变来到拥有 26 个质子的铁时，这个结果还是如约而至了。对于恒星而言，这是一场悲剧，它意味着恒星的生命就要走到尽头，但是对于整个宇宙而言，这样的灾难经常在发生，并不值得大惊小怪。

更为重要的是，它让更多元素的诞生成为可能。

一句话介绍一种元素

当巨大的恒星坍缩之时，原子之间的碰撞也是盛况空前，灿烂的超新星也会由此形成。氧、硅、铁等有着比氢原子核大得多的原子核，它们以一种视死如归的劲头融合在一起，从而形成了那些比铁更大的原子核。这其中，就包括铜、锌、金这些将会在我们的后续篇章中出现的元素。原子核中的质子数量飞快增长，等到出现铅元素的时候，质子的数目已经达到了惊人的 82 个。

比铅更大的元素还会继续形成，比如铋、铀、钚等。只不过，它们的原子核实在过于庞大，已不再能够保持稳定。每过一段时间，这些原子核中就会有一部分发生分裂，变成小一些的原子核——这个过程，就被称为核裂变，它是一种与核聚变相反的过程。核裂变的存在，也注定元素的种类不会无限增加。

　　至此，盛极必衰，这颗恒星已经无力回天，元素的盛宴也该收场了。上百种元素交汇在一起，形成了新的云团。令人吃惊的是，在这个云团中，那些没有在核聚变中消耗完的氢原子居然还是主力，它们正打算故伎重演，至于那些因它形成的各种元素，却已经在酝酿新的物质故事——我们在下一章中继续讲述。

3 让原子组合起来
——物质世界是如何组装的

宇宙分子

茫茫宇宙之中，原子所占的空间非常有限，有如茫茫戈壁滩上偶尔出现的行人，似乎很难碰撞到一起。但是，物质之间的相互作用力，却让原子上演了一出又一出的好戏，恒星就是大量氢原子和氦原子碰撞之后产生的壮丽焰火。太阳就是一颗恒星。维持恒星辐射的能源是聚变反应，即热核反应。

但是，宇宙中原子的碰撞并不总是如此激烈，核聚变产生的条件并不是那么容易达成。更多的时候，好不容易聚集到一起的原子，只是构成了非常稀薄的原子云团，没有强烈的挤压，也不会形成很高的温度，它们只是以一种更为和谐的方式聚集在一起。

在原子中，原子核是原子的核心部分，其体积只占非常小的一部分，直径只有 $10^{-15} \sim 10^{-14}$ 米（即不足

100 万亿分之一米或 10 万分之一纳米）；在一般的化学反应中，原子核是不会发生任何变化的。组成单质和化合物分子的最小微粒——原子的直径为 $4 \times 10^{-10} \sim 6 \times 10^{-10}$ 米（即不足 1 纳米），且其质量几乎集中于原子核。可见，原子核的直径还不及原子的万分之一。如果说原子有一只篮球那么大，那么对应的原子核不过是灰尘般大小。

原子核是由带正电荷的质子和中性的中子（二者统称为核子）组成的紧密结合体，因此，原子核带正电荷。一切原子都是由一个带正电荷的原子核和围绕它运动的若干电子组成的。当温和的条件不足以让电子与原子核发生彻底分离时，那么不同原子的原子核也就没有机会可以碰到一起，原子之间的交流，只能靠最外缘的电子牵线搭桥。

当两种或两种以上元素的原子通过电子结合，形成一个集合体，这就是原子团，而单质的分子就是由相同元素的原子结合而成的。在许多化学反应中原子团作为一个整体参与。宇宙中的原子相遇之时，就会形成各式各样的原子团，我们姑且把它称为宇宙分子。

由于宇宙中的氢原子占据了绝大多数，因此，最容易相会的，就是散落在各处的氢原子。当两个氢原子碰到一起的时候，就会结合成氢分子，在地球上，它被称为氢气。

随着恒星内部的核聚变释放出更多类型的原子之后，宇宙分子的种类也开始多了起来。

很长时间以来，宇宙分子的神秘面纱都让人们感到捉摸不定。这是因为，在一般情况下，即使宇宙中的原子相遇了，它们周围的环境也仍然十分空旷，甚至比人类在实验室里制造出来的真空更像真空。这就

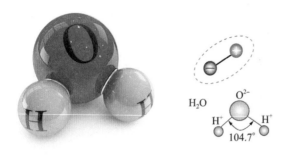

水分子模型

意味着，原子在结合之时，很难再有别的选择，只能碰到什么就和什么结合。

化合物的分子则由不同元素的原子组成。比如，当氧原子和氢原子在地球上相会时，它们最容易形成的，就是供养了地球上无数生命的"水分子"。每一个水分子，都是由一个氧原子和两个氢原子结合而成，氧原子居于其中，而氢原子以特定的角度结合在氧原子的两侧，形成 V 形构造。考虑到氢原子和氧原子之间悬殊的体型，它们形成的这种水分子，从外形上看很像是熊猫的脑袋。

在地球上，想要从水分子上摘掉一个氢原子，让它只剩一个氢原子和一个氧原子，说容易也容易，甚至不需要太多的外力，氢原子转身就会从水分子中离开。只不过，它在离开之时，并不会带走自己原来那颗唯一的电子，于是，剩下的一个氢和一个氧，就拥有了一个过剩的负电荷。

离子化合物没有简单的分子，是由相反电荷的离子聚集在一起的，如 NaCl 等。这种带有电荷的微粒被称为离子，它们的很多特性都相较于不带电荷的分子发生了变化。当微粒带有正电的时候，就被称为正离子或阳离子，脱落的那个氢缺少了一个电子，于是它就带有一个正电荷，被称为氢离子；而当微粒带有负电荷的时候，就被称为负离子或阴离子。显然当氢离子离开之后，水分子剩下那部分便是负离子。

正因为水分子中的氢很容易脱落，由一个氢和一个氧形成的这种离子，即使是在纯水中也有少量存在。由氢元素氢和氧元素组成的一价原子团就是氢氧根（ OH^- ），也被称为氢氧根离子或羟基负离子。这个"羟"字，无论是字形还是读音，都是"氢"和"氧"的"杂交体"。

从水分子上摘掉一个氢原子，还有一种特殊的情况，那就是氢在离开的时候带走了电子。也就是说，脱落的是氢原子而非氢离子，剩下的那部分，是氢和氧构成的中性微粒，不带电荷。这种微粒被称为羟基分子，它在地球上不算常见，有时候就算形成了羟基分子，通常也不能稳定存在，很快就会转化为其他物质，它们两两结合，就会变成由两个氧原子和两个氢原子组成的过氧化氢（ H_2O_2 ）。过氧化氢的质量分数为 3% 的水溶液，俗称双氧水，也有用于漂白、杀菌作用或作为氧化剂的浓溶液，其过氧化氢的质量分数为 30%。不过，双氧水依然不稳定，它在释放出一个氧原子后，就成为一个新的水分子。

可是，太空中的环境就很不一样，在地球上不能稳定存在的羟基，在太空中却有可能大量存在。实际上，早在 20 世纪 50 年代，就已经有不少人陆续推断，羟基分子是一种常见的、存在于星际空间的星际分子。

事实也果然不出所料。

1963 年，科学家们首次利用射电天文望远镜通过光谱的方法，在仙后座附近探测到了羟基分子，这也成为当时一件轰动性的天文大事件，被誉为 20 世纪 60 年代天文学的四大发现之一。

人们兴奋的并不只是这种分子被证实存在，而是羟基分子和水的特殊联系，让人不禁浮想联翩——宇宙中是否也会存在水呢？多年以后，这个猜测也被证实了。

正因为宇宙的环境在地球上难以实现，各色奇怪的宇宙分子层出不穷，人们甚至专门设立了"星际化学"专业方向，用以研究宇宙中这些分子究竟是如何形成的。

继续说羟基分子。在我们知道它是星际中的常客后，很快又注意到，它并不只是会在稀薄的太空环境下出现。直到现在，我们也没有彻底调查清楚它的行踪。2021 年，英国科学家首次发现，外太空一颗巨大的行星上，其大气层中居然含有羟基分子。考虑到地球也是一颗行星却难觅羟基分子的实际背景，这个结果委实让人大吃一惊。

而在 2022 年，中国的嫦娥项目团队在从月球上采集回来的土壤中发现，距离我们近在咫尺的月球上，居然也有羟基形式存在的水，虽然含量极低，但也还是令人眼前一亮。

所以，我们不能满足于现有的成就，还要继续探索这些宇宙分子不同的来历，这也是为了弄清楚，宇宙真实的起源究竟是什么。

实际上，很多工作早已在开展之中。尽管地球的自然环境并不满足要求，但是科学家们却在勇敢地克服各种困难。他们有的把实验搬到环绕地球的空间站中进行，有的则是在实验室中制造出特殊的条件。这些条件虽说并不像前面说过的欧洲核子研究中心那样惊天动地，但是最终的目的却是惊人的一致。

2017 年，中国大连化学物理所的几位科学家，通过自制的一种光源设备让水分子发生了分解。令人兴奋的是，喜欢空手离开的氢原子，这一次却没有忘记自己的电子，于是中性的羟基分子就在这样的环境中稳定地形成了。研究人员们猜测，在宇宙中，或许有一些羟基分子，也是在类似的环境中形成。如果是这样，我们就可以通过验证羟基分子的存在，来论证那些遥远星系内的特殊状态，进一步找到宇宙形成的依据。

宇宙是物质的，通过物质去理解宇宙，这是我们永远都不会停下脚步去探索的艰巨任务。

但是，宇宙中寻找到的特殊分子，也让我们对地球上的分子有了更多的理解。如果说，原子是构成世界万物的基本单元，那么分子所扮演的角色，就是让这些基本单元发挥出实际的功能。只有认识了分子，才能真正弄明白物质搭建的规律。

从太空到地球

和羟基分子一样，宇宙中还有很多非常奇特的星际分子，科学家至今已经发现了其中的 110 多种星际分子。每一个分子都有自己的特定结构，这也是人类区分它们的依据。很多迹象表明，某些结构有可能只在太空之中才会稳定存在。

20 世纪 60 年代，宇宙起源这个话题开始从天马行空的遐想转向以实验证据为主导的阶段，天文学家、物理学家、化学家乃至生物学家都联起手来。这样的合作很有必要：过去，理论学派的科学家们只能依靠周密的计算与必要的猜测，想象那些星际分子在宇宙中演化的过程；但是现在，实验学派着力于合成出这些分子——这甚至不只是起到辅助作用。

羟基分子已经是一个很典型的案例。多数星际分子是稳定的化合物，在地球上都可以找到；少数的星际分子在地球上很难找到，甚至根本找不到。它们有的是离子分子，在地球上虽然不能稳定存在，但在过去的实验研究中，人们早就已经知道这种物质的存在，也很熟悉它的各种光谱特征。因此，当天文学家费尽心思从宇宙中获得了相关参数后，再想确定它的存在，实际上已经不存在多少障碍了。通常认为，星际分子的存在与恒星形成早期和演化晚期有着密切联系。

然而，随着望远镜越来越先进，由此捕捉到的信号细节也更完备。如果这些信号来自于某种地球上不存在的物质，那我们又如何能够证明这一点呢？

这样的悖论其实早在 19 世纪时就已经开始对科学界提出挑战了。

1868 年，法国天文学家皮埃尔·让桑（Pierre Janssen，1824 年—1907 年）在研究太阳光谱时发现，有一些谱线来自于一种未知元素，而这种元素在地球上尚未被发现。于是，这个未知元素就被暂定名为"helium"，其含义是"太阳元素"。

然而，太阳元素究竟是什么？地球上只要找不到这种元素，这个问题就始终无法给出答案。

现在我们都知道了，所谓的太阳元素其实就是第 2 章所说的氦。在太阳中，它是仅次于氢的第二大元素，但是在地球上，它却稀缺得令人抓狂。直到 1895 年，也就是"太阳元素"最初被发现后的 27 年，英国科学家威廉·拉姆塞（William Ramsay，1852 年—1916 年）才从钇铀矿物中通过放射性元素的裂变找到了它，说明地球上也存在氦。

某种程度上说，当氦元素真切地呈现出来时，还是有些出乎意料，毕竟几十年前人们用金属元素才有的"-ium"后缀给它命名，而它和金属元素之间的关系却八竿子也打不着。

尽管这段故事曲折离奇，却让太阳系的形成过程有了更精确的答案。

太阳系很可能来自于一场超新星爆发后的残骸，从氢、氦、锂这样的轻元素到铁、铜、金这样的重元素都像摔碎的玻璃一样，以尘埃云的形态一堆一堆地分散在太空之中。超新星是爆发变星的一种，当它爆发时，会释放出无比巨大的能量，且星体中的大部分甚至全部物质被抛散。这种爆发变星具有亮度突增的特点。

作为燃料的氢和氦元素并没有被消耗太多，依然是这片尘埃云的主体。与此同时，更重的那些元素也构成了新的聚落。在引力的作用之下，这些云逐渐收缩成一个个小球体并旋转了起来，小球体又在旋转过程中不断地汇集，成为固定轨道上的大球体。

在漫长的整合之后，几乎所有的氢和氦共同组成了一颗硕大的球体，并又一次引发了核聚变，形成了我们如今所看到的太阳。那些没有来得及跟上脚步的氢、氦元素则在远方组成了诸如木星、土星、天王星以及海王星这样的气态星球。相比于太阳，它们的体量还是太小，并不足以点亮核聚变的光芒。于是，在太阳系中，便只有唯一的一颗恒星，其他星球绕着太阳旋转，行星的数量也屈指可数。

至于那些重元素，在一般条件下，它们不但发生聚变的概率非常小，而且数量实在少得可怜，只够组成一些更为娇小的行星，也就是从太阳到木星之间依次排开的水星、金星、地球和火星，它们都被称为岩石星球。当然，还有像冥王星、谷神星这样没有被列入八大行星的星球，以及月球这样绕着其他行星旋转的卫星。

严格来说，这个过程还有很多细节等着我们继续去探索，例如木星内部，其实还有一个数倍乃至数十倍于地球大小的巨大岩石核，它似乎告诉我们一个更有可能出现的早期物质世界：太阳系孕育时，各大星球的元素构成比例并没有太大大区别，重元素形成岩石，而氢、氦这样的气态元素包裹于其外，只不过太阳的体积实在过于庞大，那些靠近太阳的行星以及体积太小的行星，都因为引力不足而丢失了氢和氦织就的外衣。

所有这些故事，都需要依靠物质提供的拼图去一一解开。事实上，我们不难证明地球早期的大气中含有大量的氢气，它们后来很多以水的形式留在了地球上。

在地球以外率先发现氦元素，给了人们很多启发，但也是个提醒：如果在太空中找到新物质，地球上却不能予以验证，会给科学研究带来无尽的麻烦。

到 1968 年时，天文学家们发现，银河中心的星云传递出很多分子的信号，虽然已有包括水分子在内的 20 多种分子得到了验证，但是还有很多信号，居然和以往所知的任何物质都不一样。此时的问题摆在化学家面前，他们务必尽快在地球上找到这些信号所对应的分子。

在连续攻克几大难题后，科学家们开始向光谱上 217 纳米波长的一处吸收峰进军，试图确认是哪种分子造就了这一现象。一开始，由碳原子构成的石墨分子成为最热门的候选对象，但是在被实验结果否定后，当时最前沿的天文学家相信，这些分子很可能是一类被称为"氰基聚炔烃"的物质。这类物质的主体仍然是碳原子，只不过碳原子破天荒地以直线的方式相连，两端分别是一个氢原子和一个氮原子。

于是，对星际分子的研究，就从太空"搬"回了地球上。在投入无数人力物力后，这个问题至今还是悬而未决。

这似乎也在告诉我们，关于物质，深邃的宇宙中还有很多未解之谜，我们的探索生涯永远都不会停息。

只要是探索，就不会无功而返。就在寻找"氰基聚炔烃"这种物质的过程中，很多研究团队都积极开发了新的合成方法，这些方法都成为科学研究中的无价瑰宝。

英国萨塞克斯的哈罗德·克罗特（Harold Kroto，1939 年—2016 年）是一位合成领域的实验大师，他也于 1975 年加入了这场科学盛宴。他曾经合成出越来越长的氰基聚炔烃，通过对这些分子的参数进行计算，眼看着距离 217 纳米的目标越来越近。然而，地球的环境还是未能给他带来好运，当碳原子的数量超过 9 个时，他的合成手段已经失效。

但他设计的第二代仪器，却意外地获得了碳原子数量为 60 的一种分子，这让他吃惊不已。经过数百次重复实验后，他和很多同行都已经明白，这是一种过去从未发现的物质结构，60 个碳以一种近乎完美的

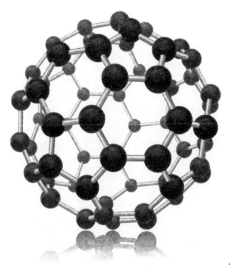

C_{60} 结构示意图

对称形式组合在一起。

在确认这种物质结构时，克罗特想到了一位名叫巴克明斯特·富勒（Buckminster Fuller，1895 年—1983 年）的美国建筑设计师。富勒曾在蒙特利尔世博会时用六边形为主的结构搭建出巨大的穹顶——球形薄壳建筑结构。这一非凡的创意最终给了研究团队以灵感。

以克罗特为代表的科学家们用 60 个碳原子的模型，以六边形和五边形交替的形式拼出了一种被称为碳 -60（C_{60}）的球状分子——直到完工的时候，一颗足球一般的分子模型摆在他们面前。这个分子由 20 个正六边形与 12 个正五边形组成，和经典的足球缝制方式完全相同，堪称迄今为止对称程度最高的一种分子，故 C_{60} 别称"足球烯"。后来，C_{60} 这种分子由其晶体结构分析所证实，与它同类的这些分子则被统称为富勒烯。可见，富勒烯就是碳元素的一种同素异形体，即同种元素的物质而具有不同结构，但只限于单质，如碳的金刚石、石墨、富勒烯等。

1985 年，这项工作被公布出来的时候，全世界都为这种美丽的分子感到不可思议，更令人感到不可思议的是，这种绝妙的分子结构在自然界居然从未被发现！

不过，很快又有了新的证据证明，哪怕只是蜡烛燃烧产生的炭灰中，也能找到 C_{60} 的身影。我们真正应该反思的是，为什么直到现在才找到它？

或许，这就是太空给我们的提示吧。

1996 年，克罗特因为发现富勒烯而分享了当年的诺贝尔化学奖。但是，我们知道，对分子的探索才只是进入热身阶段，我们还需要更深入地了解它们。

分子的游戏

很多时候，我们会好奇，到底是因为什么，我们的地球才会变得如此美丽动人？

要是不带任何感情地回答这个问题，那么答案就是——分子。

地球形成之初，丰富的氧元素与硅元素就已经迫不及待结合在一起，以二氧化硅的形式构成了地球的主体，如今我们称之为岩石。然而，由于此时的地球还处在极度的高温之下，即便是岩石也因此被烤化，整个地球就如同一块巨大的熔岩球。于是，那些比岩石更重的金属沉到了地球的中心，成为如今被称为地核的结构体。而在地球的表面，熔岩还在肆虐，炽热的气体不断产生，与原始的氢气等物质一起，构成了地球的大气层。

当我们抬头瞩目明亮的金星和赤红的火星，或是在望远镜里遥望木星的大红斑时，不由会觉得，它们美得简直让人窒息。然而，若我们有一天能够走近这些行星，一定会有完全相反的感受。在这些行星的表面，只有恶劣的大气环境和贫瘠的地面——甚至在木星这样的气态行星上，我们似乎连大气和地面的分界线都找不到。

单调，是这些行星的共同特征。实际上，我们有理由相信，即便是在太阳系外，绝大多数行星也都会是相似的模样。

早期的地球大概也是如此，如今却到处都是生机勃勃的景象，其中也包括我们人类在此繁衍生息。换言之，各种各样的生灵，都依赖地球独特的环境生存。

面对此情此景，人们猜测，地球最初就好比一个大熔炉，不同的物质在合适的介质中不断碰撞，终于产生丰富的分子种类，提供生命起源最初的原料。

而在这个过程中，最重要的介质就是水。

水是一种神奇的物质，以至于泰勒斯最初将它作为物质的唯一起源。泰勒斯并没有错得很离谱，对于地球而言，很多分子的起源确实有赖于水。

通常物质存在三种状态：固态、液态和气态。几乎没有任何竞争的选项，人类以水作为标准物质设置了最通用的温度标定方式——在摄氏度的规定中，以标准大气压下水的凝固点为 0 摄氏度，同时以水沸腾时的温度为 100 摄氏度，平均切分 100 份，就可以得到每一摄氏度，这种定标的方法叫作摄氏温标。不过，在科学上，温度存在理论上的最低值，大约是零下 273.15 摄氏度，如果以此为零点进行规定，便是绝对零度。以水的三相点温度 273.16 开（即 0.01 摄氏度）规定为零点建立的热力学温标是一种不依赖于任何物质的特性的最基本的理想温标。尽管如此，热力学温度（单位为开尔文，简称开）的每一个区间，和通用的摄氏度区间并无差别，但在生活中，使用摄氏度的场景显然更多。

以水温划分温度并不意外，因为它是地球上最常见的液体物质，并且我们也很容易看到它的气态或固态形式。相比之下，如果我们想要看到铜熔化为液态的铜水，就需要加热到 1 084.62 摄氏度。这是一个非常高的温度，至少对于古人来说，仅仅靠燃烧木柴实在难以企及，这也就不难理解，历史上人类为什么不能很容易地掌握炼铜技术。

在没有温度计的年代，古人是如何测温的？

更具特色的是，和类似的物质相比，水在地球上保持液态的区间实在是大得出奇。

比如地球上另一种常见的分子二氧化碳，它在气温低于零下 78 摄氏度时会成为固态，固态的二氧化碳为白色，形似冰雪，被称为干冰。而当外界温度高于这个温度数值的时候，它甚至不会先熔化变成液态，而是直接气化变成气态，成为我们空气中普遍存在的二氧化碳气体。也就是说，液态二氧化碳在地球上存在的温度区间是零，只有改变气压，才有可能制造出它。例如，对二氧化碳施加很大的压力，就能够形成液态二氧化碳，要是任由液态二氧化碳膨胀，又可能会制得干冰。

二氧化碳或许是个极端的例子，但是其他一些分子，如甲烷分子

（CH_4），它由一个碳原子与四个氢原子构成。它从固态变成液态再到气态，只有21摄氏度的区间；氨分子由一个氮原子与三个氢原子构成，它的区间是44摄氏度；二氧化硫中有两个氧原子和一个硫原子，它的区间是56摄氏度……这些分子的元素组成都很简单，它们和水还有二氧化碳一样，都是地球形成初期的大气层中就已经存在的物质。

可见，在太阳系形成初期，地表上流淌的这些初始原料中，水分子维持液态的能力最强。得益于地球与太阳之间恰当的距离，这颗星球表面大部分地区的温度，在大部分时间里都可以保持在0~100摄氏度。这也就意味着，地球上可以出现很大体量的水世界，它们不断地融合交汇，形成大大小小的系统——如今我们称之为江河湖海。

尽管现代科学还不能完美地解释生命的起源过程，但是液态水的存在和能量的供给，毫无疑问是最重要的两大基础要素。

直到地球上出现生命以后，才有了更多液态区间很大的物质——乙醇，也就是酒精，它的液态区间将近200摄氏度，至于各类植物油，甚至普遍可以超过200摄氏度。

只不过，如果没有最初的液态水，又何来生命，何来乙醇或油脂这样的分子呢？

如今，当我们从水龙头下接上一碗水时，或许并不会在意这碗水中的水分子，更难得去猜测除了水分子以外还有些什么物质。然而，这碗平平无奇的水，还有其中所谓的杂质，却书写了极不寻常的物质演化史。

严格来说，我们现在看到的这些水分子，和46亿年前地球刚刚形成时的那些分子并不是同一批，但它们却有着千丝万缕的联系。

大量的水分子聚集在一起，它们就会玩起丢沙包的游戏——沙包便是水分子中的氢原子。液态水中的两个分子靠得很近时，它们就会交换各自的氢原子，速度快到令人目不暇接。

实际上，很多时候，在一碗水中随便指定一个氢原子，我们甚至很难确定它到底属于周围的哪一个水分子。正是因为氢原子处于不断交换的状态，水分子才有了异乎寻常的活跃属性。无论处于多么平静的水面之下，水分子之间都如同一群剑拔弩张的仇敌，在不停地抢夺氢原子，它们将分子的游戏推向高潮。

当它们流经岩石之时，活跃的水分子会萃取出其中的矿物质，包括钠、钾、钙、镁以及氯、磷在内的各种元素离开岩石，转而在水中富集。这个过程直到今天也没有停歇，雨水冲刷着世界各地的山体和土壤，然后带着这些矿物质，一路奔流到海，于是海水中的矿物质就越来越多。

不只是岩石，地球早期大气层中的成分同样也会被水吸收，氨气与水的亲和力惊人，海水中因此拥有了大量的氮元素。不断喷发的火山不断释放出二氧化硫与二氧化碳，又为海水提供了丰富的硫元素和碳元素。

总之，当水覆盖地表大部分面积之时，它其实早已成为"浓汤"，其中混合了各式各样的元素，其复杂程度远甚于我们从水龙头下接的这碗水。

地球诞生之初的这锅浓汤里，可以熬出越来越复杂的物质。另一方面，包括小行星和彗星在内的天外来客们也像调料包一样，朝着地球这口锅中撒下更多的汤料。事实上，很多人还坚持认为，地球生命的源头，也许就来自这些太阳系中游荡的小天体。对此，人类也从未停止过对它们的探索，试图为生命在物质世界中的诞生找到更完整的解释。

不变的规则

2022 年 6 月，日本科学家宣布，在隼鸟二号小行星探测器从"龙宫"小行星带回的岩土样品中发现了氨基酸分子。

隼鸟号系列小行星探测器是日本专门针对小行星开发的研究设备。早在 2003 年 5 月 9 日时，隼鸟一号就发射升空，它的目标是对一颗名为"丝川"的小行星进行探测和采样，并带回样品。实际上，这颗行星也是日本天文学家发现并命名的，被选为登陆对象并不叫人意外。隼鸟一号经历了多次磨难，于 2005 年 11 月 12 日在丝川上软着陆并采样，2010 年 6 月 13 日成功返回地球。它从丝川小行星上带回的样品因没有受到地球上的任何污染，成为人类研究太阳系进化过程的形成的珍贵物质。

到了 2014 年 12 月 3 日，隼鸟二号又肩负着相同的使命，只是目标换成了引力相对更大的小行星"龙宫"，经过 6 年的往返，其中的回收舱终于成功带回了 5.4 克岩土样品。经过仔细的分析之后，这些岩土被证实含有 20 余种氨基酸，其中不少氨基酸的种类是地球上已经存在的。氨基酸是一种含有氨基的有机酸，其中的 α - 氨基酸是组成蛋白质的基本单位，因此，人们把氨基酸誉为"生命之源"，这是首次在地球以外确认氨基酸存在的证据。

这桩新闻的出现，让很多一直持有地外行星带来生命这一观点的人们又掌握了新的证据。氨基酸是一类有机物，它对生命而言可以说是基础原料，我们还会在后面继续谈到它们。此刻，我们似乎更应该关注一件事：如果原子是构成宇宙物质的基石，那它们是按照相同的规则结合在一起的吗？

至少隼鸟探测器带给我们的答案是肯定的，这对我们来说是个积极的信号。

不妨反过来想一想：假如同样的元素，它们在地球上按照一种规律结合起来，到月球上却换成了另一套规律，等到了火星上时，差异就更大了——这样多变的物质世界，会让人类的探索变得非常困难。

实际上，正是因为我们相信物质结合的规律存在共性，才有可能足不出户就能判断数百光年外会是什么环境。就像克罗托对氰基聚炔烃锒而不舍地合成是为了验证在银河中心存在这种分子的可能性，因为一旦证实了这一结果，就可以根据这种物质的特性去推断那片区域的环境。

尽管如此，科学家们也并不是从一开始就笃定这种规律的存在，甚至为此还展开过大辩论。

19 世纪初，就在道尔顿提出"原子论"之后，原子如何组合的问题就引起了很多人的好奇。这是因为，大多数物质中的元素配比似乎都有着特定的比例，比如水含有氢和氧两种元素，不管怎么转化为氢气和氧气，氢气和氧气的重量比都是 1：8，而体积比都是 2：1。从这些现象不难猜出，如果不同元素都是以原子这样的微粒形式存在，那么它们之间必然会以特定的方式结合在一起。当时有一些实验科学家相信这是最可能的结果，特别是法国科学家约瑟夫·路易斯·盖 - 吕萨克（Joseph Louis Gay-Lussac，1778 年—1850 年）还为此提出了一条在等压条件下关于气体的体积随温度而变化的定律，后人称之为盖 - 吕萨克定律，然而道尔顿本人却不这么看。他经过计算发现，如果原子会按照比例结合，那么就可能出现半个原子的结果，这显然不符合"原子是参加化学反应最小单元"的设定。所以，他认为这种巧合不过是有些实验学家的测试不够准确造成的。

对于这样的争论，当时的很多学者都提出了自己的假设。1811 年，一位名叫阿莫迪欧·阿伏伽德罗（Amedeo Avogadro，1776 年—1856 年）的意大利年轻科学家发表文章提出"分子"的概念以及原子与分子的区别等重要问题。他认为原子首先会组成分子，道尔顿算出来的"半个原子"，实际上应该是"半个分子"，这种分子中有两个同样的原子，所以半个分子就是一个原子——完美地解答了道尔顿担心的问题。

然而，这种说法不仅没能迎来道尔顿本人的理解，还让更多学者感到荒谬。相同的两个原子怎么能结合在一起？这样的猜测违反了当时学术界的基本观点，而它的答案我们将在第 4 章中揭晓。

总之，阿伏伽德罗的"分子学说"被无情地抛弃了，但他并没有因此沮丧，而是继续完善自己的工作，为分子学说提供了更多证据。后来，他的这一学说就成了我们所熟知的阿伏伽德罗定律。

随着时间的推移，越来越多的研究者发现，原子的真实存在不容置疑，但是承认原子，必然也要承认它们特定的结合形式。在阿伏伽德罗的分子学说提出 40 余年后，英国科学家爱德华·弗兰克兰（Edward

Frankland，1825 年—1899 年）于 1852 年已经初步提出了我们现在称之为"化合价"的概念。化合价也称原子价，简称价，用来表示一个原子（或原子团）可以和其他原子相结合的数目，如氢是一价，所以两个氢原子和一个氧原子会结合为水分子，氧的化合价就是二价；而当它们分别和碳元素结合时，因为碳是四价，所以一个碳会和四个氢结合（即甲烷），或者一个碳和两个氧结合（即二氧化碳）。但是，他当时的概念还是比较模糊的，没有论及多原子元素彼此相结合时所遵循的原则。

实际上，到了这一步时，"分子"学说就该重见天日了。但是，当时的主流学者却不敢推翻前人的观点，阿伏伽德罗本人也已是风烛残年，难以据理力争。

直到 1860 年，在第一次国际化学会议上，阿伏伽德罗的意大利老乡斯坦尼斯劳·坎尼扎罗（Stanislao Cannizzaro，1826 年—1910 年）站了出来，通过实验加以论证，重新阐述了"分子"和"原子"的关系，将这个沉睡半个世纪的重要理论公诸于世，科学界这才恍然大悟。这一理论终于得到普遍的公认。然而，阿伏伽德罗并没有能够亲眼看到这一天，他在 4 年前就已经过世了。

不仅如此，坎尼扎罗在后来的几十年里，一直都在践行着自己的使命，不仅彻底搞清楚分子是什么，更由此修正了过去的一些错误，完善了原子量的测定。正如第 2 章所说，门捷列夫编制元素周期表的依据就是原子量，他能够拥有一套完整的数据，同样也离不开这些幕后的工作。实际上，此前也有一些尝试编纂元素表的先驱，就因为原子量的数据不准确而不能自圆其说，作品最终未能成型。

坎尼札罗也擅长实验工作,他首先发现了一种化学反应的过程,至今还在被广泛应用,并以他的名字命名为"坎尼札罗反应"。在这个反应的过程中,就会出现"羟基"的身影,而坎尼札罗也是第一个提出"羟基"这种结构的科学家。

尽管 19 世纪的科学家们对于原子为何会结合在一起完全没有头绪,但他们走过很多弯路以后,最终还是确定了这种模式。后来,虽然分子的类型越来越多,但是没有人怀疑,有一股看不见的力让原子凑在一起,它们形成的小团体能够保持这种物质最基本的化学性质。

到了现在,通过寻找特定的分子去挖掘线索,已经成为很多领域的常规操作。不仅仅是在太空探索中如此,医生会通过寻找特定分子确定病症,刑警也会根据分子去找到犯罪的证据,这都是分子理论的实际应用。可以说,原子会组合成分子的规则,已经成为我们深刻认识物质世界的基础。

但是,它们到底是怎样结合在一起的呢?接下来,我们就来看看,物质之间有着怎样的作用力。

无处不在的相互作用力 4
——物质为何能结合在一起

电子的巨大魔力

用丝绸在一根玻璃棒上摩擦片刻后，因为玻璃棒带上了电荷，就可以吸起一些小纸屑；同样地，把硬橡胶棒与毛皮摩擦后，硬橡胶棒也会带上电荷。物理学上把二者分别规定为正电荷和负电荷。用磁铁顺着同一个方向在铁钉上摩擦，铁钉就可以被用作指南针。

这两个经典的物理实验，讲述了宇宙间的一条重要法则——异性相吸。例如，静止的电荷，同种相斥，异种相吸。

更具体而言，带有正电荷的物质会和带有负电荷的物质相互吸引，两个磁体的磁南极和磁北极会相互吸引。也有人尝试将这个规律推演到更广泛的社会学领域，用以解释包括男女感情在内的各种问题——似乎并不总是吻合。因此，从科学的角度而言，异性相

气球和头发因静电而相互作用

吸是在电磁学领域才成立的铁律。这些放之宇宙皆准的现象，有赖于背后的物质基础，而电子在其中扮演了最为关键的角色。

正如我们现在已经知道的，绝大多数物质的基本单元都是原子，而原子的结构，是带有负电荷的电子围绕着带有正电荷的原子核旋转。原子核与电子的电性相反，使它们之间产生了一股吸引力。由于原子核的体积远远大于电子，两者之间的吸引力让它们形成一种类似于太阳系的结构：原子核如同居于核心的太阳，而电子则好比是太阳周围的行星。所以，对原子结构的这种描述方式通常也被称为"原子行星模型"。电子是绕原子核在确定的轨道上运动的，这个概念在现在的理论看来只是有限有效的，已被量子力学的概率分布概念所代替，但由于它的直观性，现仍常用轨道这个术语来近似地描述原子内部电子的运动，用作对原子结构的一种粗浅说明。

如果我们已经理解了太阳和地球之间的空间关系，构思出原子的"行星模型"似乎就是自然而然的结果，但事实远非如此简单。

根据牛顿的经典力学，宇宙的万物之间都存在万有引力，引力的大小和物体的质量以及相对距离有关，物体质量越大，或者相对距离越小，引力就越大。

然而，万有引力并不是很显著，比如一个苹果和一个橘子放在一起，它们并不会因为引力而相互靠近。只有当质量达到天体水平时，才会产生明显的效应，所以苹果和地球会相互靠近，树上的苹果成熟后便会掉落下来。牛顿的重要贡献，就是他通过缜密的数学计算证明，地球以及各大行星与太阳之间都存在着强大的引力，在引力的作用下，行星和太阳会围绕着系统的质心做圆周运动。

17 世纪时，地心说和日心说的争论还在持续，牛顿提出的这些观点，在一定程度上也声援了地心说。如果两颗巨大的天体质量相仿，那么质心就位于两者的中心，当它们在万有引力的作用下做圆周运动时，更像是操场上正在进行追逐赛的两名运动员，只是谁都追不上谁。然而，太阳的质量远大于地球，在日地系统中，质心距离太阳的中心很近，所以，从远处第三者的固定视角来看，太阳几乎没有偏转，只有地球在绕着太阳旋转。

因此，若是以地球为参考，认定太阳绕着地球旋转也无可厚非，地球就是中心，"地心说"并不荒谬。但是，因为太阳与地球相对运动的本质是万有引力，而太阳产生的引力作用远大于地球，这样来看，地球绕着太阳转，显然是更合理的观点。

正电荷与负电荷之间的吸引力和万有引力相仿，它的大小取决于带电体电荷的大小以及电荷之间的距离，电荷数值越高，或者电荷之间的距离越小，那么带电物体之间的吸引力就越强。与万有引力不同的是，电荷之间的吸引力非常显著，哪怕只是很小的带电物体，也会产生很强的作用力，这也是玻璃棒可以吸起纸片的原因。电相互作用力取决于电荷，它可以是引力或斥力；而万有引力取决于质量，它总是相互吸引的，因为没有负质量的物体。毫无疑问，这时候玻璃棒施加给纸片的电荷吸引力要显著大于地球施加的万有引力。

同样的现象在磁体中并没有能够完全对应——磁单极子至今尚未被发现。也就是说，任何一块带有磁性的物质，它都是既有南极又有北极，可能并不存在只有南极或只有北极的物质。

尽管如此，电和磁之间还是有着非常密切的联系：当磁体形成磁场时，在磁场中运动的导体棒切割磁场中的磁感应线，导体回路中的电流便形成了；反之，给螺线管线圈通电，螺旋管圈内放置的铁棒也会变成像磁铁一样。这些现象，如今早已应用在包括发电机、电动机、电磁铁等各种场景中。

电和磁之间可以相互转化的特点，早在 19 世纪就已经吸引了很多科学家关注，特别是詹姆斯·克拉克·麦克斯韦（James Clerk Maxwell，1831 年—1879 年）在 1873 年发表了自己的著作《电磁通伦》（*A Treatise on Electricity and Magnetism*），从理论上将这两种现象统一起来，也由此奠定了现代电磁学的基础。

在麦克斯韦的理论体系中，最为人津津乐道的便是"麦克斯韦方程组"。1864 年，麦克斯韦在总结电磁现象的基本实验定律——库仑定律与高斯定理、毕奥 - 萨伐尔定律与安培环路定律、法拉第电磁感应定律等，以及引入位移电流的概念基础上，首先将这些规律归纳为一组看起来有些复杂的偏微分方程。他不仅解释了电与磁之间的完美关系，更进一步提出了电磁波的存在——这是由电场与磁场相互作用形成的一种波。电磁波在自然界中广泛存在，任何一种高于绝对零度的物体都会辐射出电磁波，科学家们对于这一现象的研究，将在数十年后引发一场有关物质的大讨论，我们随后就会看到。同样让人感到好奇的推论还有，电磁波的运动速度和光一致，麦克斯韦也因此确信，光实际上就是一种电磁波。毫无疑问，麦克斯韦电磁理论的建立是 19 世纪物理学发展史上一个重要的里程碑。

电磁波以交变的电场和磁场通过能量转换的形式在空间中以光速传播。存在于空间区域的电磁场，电场和磁场既相互依存又相互作用，随时间不断变化，因此，这种"场"是一种特殊物质。说它特殊，是因为我们不能凭感觉器官直接感受其存在，而它间接地表现出来的物质属性，包括能量、动量和质量等，具有不依赖于人的意识而存在的客观事实。或者说，包括电磁场在内的各种场是物质存在的两种基本形态之一。另一种物质存在的形式为实物，实物具有静止的质量，与场既有区别又有联系，并可相互转化。由于场与粒子有不可分割的联系，一切相互作用都可归结为有关场之间的相互作用。按照这种观点，场和实物并没有严格的区别。

尽管电磁学的定量关系已被揭示，但是它们究竟从何而来，又因何会相互关联，却仍然毫无头绪。

在麦克斯韦研究电磁学的同一时期，对各种物质施加电压，早已是一种常用的研究手段，很多时候这样操作会改变化学反应的进程，从而产生新的物质。有科学家发现，如果在一根玻璃管中充入非常稀薄的气体，压强接近于真空，然后再对气体施加电压，这时候，阴极（负极）有可能会产生一种射线。这种阴极射线，也着实令人困扰，没有人能够说明它究竟是什么。

这一切难题，都在 19 世纪末见到了曙光。

在麦克斯韦电磁学理论的指导下，越来越多的科学家开始熟练地掌握电磁学手段进行实验操作。1897 年，约瑟夫·约翰·汤姆孙（Joseph John Thomson，1856 年—1940 年）在电磁场下研究起阴极射线来。和当时其他一些人的观点不同，汤姆孙引入了电磁场的装置，他经过细致的实验证明，阴极射线是一种带电的粒子流，并根据实验参数推算出了这种粒子的比荷（即单位质量的电荷）。

通过这个实验，汤姆孙最终证实，这种微观粒子所带的电为负电荷，并将这种粒子称为电子。后来的实验表明，微观粒子所带的电荷是量子化的，即在自然界中，电荷总是以一个基本单元的整数倍出现，这个特性叫做电荷的量子性。电荷的基本单元就是一个电子所带电荷量的绝对值，称为元电荷，用 e 表示。1910 年—1917 年，美国物理学家罗伯特·安德鲁·密立根（Robert Andrews Millikan，1868 年—1953 年）应用油滴实验方法，精确地测量元电荷 e 值，证明电荷量子性，获 1923 年度诺贝尔物理学奖。元电荷 e 的测定，为电子论的建立提供直接的实验基础。

电学现象和电子有着直接的关系。比如说，当我们在宏观层面上观察到玻璃棒和纸片相互吸引的现象，实际上就是因为在微观层面上，这种粒子发生了转移。汤姆孙进一步推测，电子来自于物质的原子内。这个观点在当时多少有些离经叛道，因为原子最初的定义就是"不可分割"的最小微粒。与此同时，因为元素周期律而声名大噪的门捷列夫也坚信原子是物质最小的单元，这也让学术界的这场辩论更加热烈。电子的发现打破了原子不可分的经典的物质观，推开了微观世界的大门。

汤姆孙成了这场论战的赢家，电子的确是原子的一部分，很多化学反应的原理由此被揭示，我们还将在后面继续讲述。现在的问题是，电和磁之间的联系又是怎么形成的呢？

又经过20余年的探索，在对电子运动状态的研究过程中，有人猜测，电子可能接近于带电的球状粒子（或陀螺），这只是一种直观的图像。构成物质的原子、分子中每一个电子都同时参与两种运动：核外电子绕原子核的轨道运动，电子本身的自旋运动。电子在运动的同时，自身也会发生旋转，也就是自旋。自旋有顺时针，也有逆时针。当电子发生自旋时，它就成了一个有磁性的小粒子，用一个圆电流回路来等效，那么它同时在其周围产生磁效应，就像滑冰场上的舞者在高速旋转时也会在身边产生气流一般。如果一群电子的自旋方向相同，那么它们产生的磁场就会得到加强。反之，如果电子自旋随机发生，相反方向自旋的电子就会抵消各自的磁场，磁场就会被削弱。这个等效的圆电流叫做分子电流。或者说，分子电流是分子或原子中自由电子运动所形成的电流。分子电流假说由法国物理学家安德烈·玛丽·安培（André-Marie Ampère，1775年—1836年）首先提出，因此，分子电流也称安培分子电流或安培电流。

尽管这样的模型在后来更为成熟的理论体系中被证明相当粗糙，甚至还有很严重的错误，比如电子被视为球形带电粒子就存在争议。但是不管怎么说，自旋是许多微观粒子和原子核的属性之一。电子自旋这种现象已被实验证明存在，相当于其固有的角动量，而它也的确是影响磁场的根本原因。正像我们不能用轨道概念来描述电子在原子核周围的运动一样，也不能把经典的带电小球的自旋图像硬套在电子的自旋上。例如，要理解原子中的电子，进一步说明原子光谱的某些特征，还需要一个自旋量子数等，这是量子物理学的理论部分。

自此，我们不难理解，日常生活中的各种电磁现象，它们的真实载体就是每一个原子中都存在的电子。当小小的电子团结在一起时，产生的电磁作用力可以大到惊人。就说暴风雨袭来时夹杂的闪电，实际上就是因为云层在翻滚时，电子发生了迁移——电子减少的区域带有正电，而电子增加的区域则带有负电，当它们累积到一定程度时，巨大的电压又会让电子一瞬间回到原位，释放出大量的电能，并引发闪电周围巨大的磁场变化。

实际上，对于物质世界而言，电磁作用力就像万有引力一样普遍，它不只是表现在我们看得到的这些现象，更表现在每个原子的内部。

原子的结构

在揭晓电磁力如何在原子层面上发挥作用之前，首要的难题是要搞清楚原子究竟是怎样的结构。否则，如果我们无法确认原子内以及原子之间的电荷分布，自然也就无法分析这些电荷之间如何关联。

汤姆孙在发现电子之后，次年就提出了一种想象中的原子结构，史称汤姆孙模型，也叫梅子布丁模型或枣糕模型。据说，有一天汤姆孙在吃早餐的时候，还在思索着原子的结构问题，突然看到了餐桌上的梅子布丁，一大块布丁上嵌着一些梅子，深受启发，于是提出了一种可能性：原子就是一个带有正电荷的大球镶嵌了一些负电荷的小电子。

这个故事一看就是牛顿被苹果砸到以后想到万有引力的翻版，但它说的多少也有几分道理，尽管当时还没有任何实验可以证明这个想法，却也很快就被科学界所接受。

当然，人们之所以会认可，除了科学方面的原因，也有一部分原因是汤姆孙当时在科学界的地位。

在英国剑桥大学，有一座非常了不起的实验室，由大科学家卡文迪许的家族亲人于 1871 年捐助建立，从建立至今一直都是物理学的圣殿，尤其在揭示物质世界奥秘这方面做出了不可磨灭的贡献，并在百年的时间内产生了 20 多位诺贝尔奖得主。麦克斯韦是该实验室的创建者。汤姆孙年少成名，不满 30 岁就担任了这座实验室的主任。所以，当汤姆孙发现电子并提出原子模型之时，差不多可以说，当时全世界没有任何一个人比他更懂原子。

身处科学高地的他也广纳贤才，其中有一位年轻人更是从远在南半球的新西兰慕名来到他的实验室担任助手。这位助手名叫欧内斯特·卢瑟福（Ernest Rutherford，1871 年—1937 年），汤姆孙发现电子的那个时期，他刚好在卡文迪许实验室里学习。

事实证明，卢瑟福是一位不世之材。他在学习期间，对放射性现象的研究令汤姆孙侧目，这部分研究也成为他日后重大发现的契机。实际上，仅仅在汤姆孙 1906 年因为发现电子而获得诺贝尔物理学奖后的两年，卢瑟福就因对元素的衰变以及放射性方面的研究而获 1908 年度诺贝尔化学奖。他在 1899 年及其之后的这些发现也巩固了汤姆孙的观点：原子之中还存在更微观的结构，可以再分，而放射性就是原子衰变出更小微粒的过程，同时还会伴随发射出一些电磁波。

这些发现，也刺激了卢瑟福进一步思考原子的结构问题，他猜想放射线说不定可以用来验证汤姆孙的原子模型。

几乎就在同一时间，日本科学家长冈半太郎（Nagaoka Hantaro，1865 年—1950 年）提出了一个很离奇的观点。长冈半太郎曾经前往欧洲参加过物理学大会，在听过汤姆孙的报告后，也开始思考原子的结构问题。因为受到土星环的启发，他就猜想原子有没有可能也有一个核心，而电子在核心外绕着飞，就像土星环上的那些岩石绕着土星旋转？

土星和土星环之间的吸引力是万有引力，如果原子也是这样的模型，那么核心和电子之间的吸引力就应该是电磁作用力。擅长数学的长冈半太郎经过复杂的运算后发现，这种结构居然是可以稳定存在的。于是，他在 1905 年发表了一篇论文，公开了自己的研究结果，提出一种核模型。他认为，原子是由电子绕带正电荷的粒子组成的。

卢瑟福看到了这篇论文，但他并没有立即回应。

几年后的 1911 年，卢瑟福终于设计出那个彻底影响人类物质观的重要实验——α 粒子散射实验，以证明到底哪一种原子模型是正确的。

在这个实验中，卢瑟福用一个 α 粒子发射源对着金箔进行照射。α 粒子的本质是氦原子核，带有正电荷，而汤姆孙此前研究的阴极射线也被称为 β 射线，本质上是电子流。这两种粒子是卢瑟福于 1899 年发现放射性辐射中的两种成分，并加以命名的。此外，还有一种不带电的 γ 射线，本质上是一种电磁波。这 3 种射线，都是放射性物质放射出的常见射线，卢瑟福对他们早就了然于心。

如果汤姆孙的观点正确，按照卢瑟福的预测，带有正电荷的 α 粒子在撞到正电荷的原子实体时，大概就像是子弹打到墙上一样，子弹会贴上去，但也说不定会打下点什么碎片。

但是，最终结果却让卢瑟福大吃一惊：绝大多数 α 粒子都如入无人之境一样，直接穿透了金箔，甚至都没有明显的减速。但是，也有少部分粒子的运动方向发生了偏转，还有极少部分的粒子被弹了回去，方向彻底发生了 180° 大逆转。

这会是什么原因？

尽管不可思议，但卢瑟福还是欣然承认，他的老师错了，长冈半太郎的推测是正确的。只有当原子存在正电荷的原子核、且原子核的尺寸极小时，才会出现实验中的这个结果：金箔很薄，最薄时不过只有几百个原子厚，而原子内部绝大部分都是空的，所以 α 粒子什么都不会碰到，直接就撞出去了。不过，也有一些 α 粒子刚好接近到了原子中心的原子核，因为 α 粒子和原子核都带有正电荷，两者相互排斥，有些粒子就会因此偏转方向。如果刚好从正面撞向原子核，就会因为强大的排斥力而被弹回来。

就这样，卢瑟福实验发现了原子核的存在，从而推翻了汤姆孙的原子模型，在长冈半太郎假说的基础上，重新构建起一套新的系统，并命名为原子结构的"行星模型"。卢瑟福实验论证原子核的存在，被誉为物理学史上"最美的十大经典实验"之一。对于自己学生的这个做法，汤姆孙丝毫没有感到难堪，甚至在自己从卡文迪许实验室卸任时，还力主由卢瑟福接任。

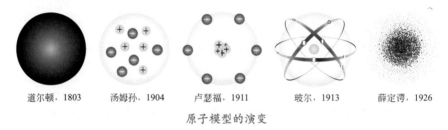

道尔顿，1803　　汤姆孙，1904　　卢瑟福，1911　　玻尔，1913　　薛定谔，1926

原子模型的演变

不过，相比于长冈半太郎的土星环模型，汤姆孙模型也并非一无是处。汤姆孙对原子的特性非常熟悉，因此在他的梅子布丁模型中，电子会按照特定的数目进行排列，这样就可以满足"化合价"的需要。对此，卢瑟福不仅进行了继承，还进一步发展了这个模型，简单而形象地勾勒出原子的性质。到如今，出现在中学化学课本上的"原子模型"，其实就是卢瑟福的杰作。这倒不是说卢瑟福的模型就足够完美，我们下一章还将说到，卢瑟福模型中存在一个致命的漏洞，但它毫无疑问是最有助于理解原子结构的一种模型。

不仅如此，这种原子模型也更好地阐释了元素周期律的原理，并且根据周期律，我们可以弄明白原子之间是怎样结合在一起的。

原子之间的电磁吸引力

当门捷列夫绘制元素周期表的时候，他只是按照原子量排列出已知元素——所有的元素被排列成一个矩阵，每一横排都有 8 个元素（注：门捷列夫原始表格中的横行与竖列与后来的元素周期表相反，并缺少了氦、氖等惰性气体，此处按照现代元素周期表的格式描述），一个横排被称为一个"周期"，一个竖列则被称为一个"族"。

在一个周期内，所有的元素都具有不同的特点，相邻的两个元素会发生渐变。比如从排在 11 位的钠元素到排在第 18 位的氩元素，全都排在第三行，是同一个周期，被称为第三周期。第三周期的这些元素，就满足渐变的特征。

钠和镁相邻，它们都是活泼性非常高的金属：金属钠扔在水里，就会发生非常剧烈的反应，产生大量的氢气，而氢气是一种可以燃烧的气体，要是反应不受控制，说不定还会因为温度过高而爆炸；金属镁虽然不会和冷水发生反应，但是放在热水里，它也一样会产生大量的气体。

排在镁后面的是铝和硅，从偏旁就可以看得出来，铝是一种金属，而硅却是非金属。铝也很活泼，可是相比于钠和镁来说，就要差远了。它和水之间的反应很慢，只有在和水蒸气接触的时候才会发生剧烈的反应。至于硅，它就很难和水直接发生反应，又要比铝差了一些。

除了这些反应活性的差异，更直接的渐变在于，这些元素在参与形成分子的时候，化合价也会依次升高。钠的化合价是 1，镁是 2，铝是 3，硅是 4……就像是音符一样。事实上，在门捷列夫之前，就有一些科学家提出了元素周期律的雏形，其中有人就是按照音符的规律进行了排列。

的确，当每一周期的元素终结之后，开启新的周期时，又会出现同样的规律。比如第四周期由钾元素开始，它和钠非常相似，也会和水剧烈反应，而且化合价也是 1；钙的活性比钾低一些，而化合价就是 2，和第三周期的规律非常相似。

如果按照竖列的方向，那么钠和钾排在同一列，属于同族，镁和钙也在同一列，也是同族。不难看出，同族的元素非常相似，它们有着十分接近的化学性质，更重要的是，它们的化合价都相同。

门捷列夫尽管设计出了"周期"和"族"的元素分类方法，可他始终无法对此进行解释，只因为他根本不相信原子还有更微观的结构。而当卢瑟福提出原子模型的时候，门捷列夫已经仙去，他最终也未能等来这个问题的答案。

事实上，卢瑟福的解决思路非常巧妙。在他设计的系统中，原子核就好比是太阳系中的太阳，所有的电子都沿着特定的轨道绕着原子核旋转。靠近原子核的最内轨道，只能容得下两个电子，所以在元素周期表上，第一周期也只有两个元素，分别是氢和氦，它们的电子数量恰好也就是 1 个和 2 个。

在第一层排满了之后，电子就开始进入到第二层。在此之后，不管哪一层是最外层，它最多都只能有 8 个电子，门捷列夫毕生未能破解难题，就隐藏在这个奇妙的数字中。

理论上说，一种元素的原子最外层有多少个电子，那它就是第几族，化合价也是同样的数字。比如钠，它的最外层有 1 个电子，所以它排在第 I 族，化合价也是 1，由此推算，镁的最外层排了 2 个电子，那它就是化合价为 2 的第 II 族。

也就是说，只要知道了电子的排列方式，很容易就能弄明白化合价的来历。

那么，钠的化合价为 1，实际的含义又是什么呢？

原来，当电子在钠原子核的外围旋转时，最外层的电子只有保持在 8 个时（第一层是两个电子），才会保持稳定。因此，对钠原子来说，它最外层的那个电子就有些尴尬了——它显得有些多余。

于是，钠原子就采取了一个最有效的策略，随时丢掉那个累赘的电子，形成稳定的结构。正如我们此前所说，当钠原子丢掉一个带负电荷的电子后，那它自身就变成了带有一个正电荷的钠离子。由此看来，所谓的化合价为 1，实则就是钠离子的一个正电荷。

这样的规律也的确体现在镁和铝上。镁的最外层有两个电子，脱落两个电子的难度显然比脱落一个更难，所以要想让它变成带有两个正电荷的镁离子，自然也更不容易。于是，镁的活性就要比钠要弱一些，以次类推，铝又比镁更弱一些。

不过，当这个规律继续延伸，一直推到排在第 17 位的氯元素时，情况又有了新的不同。

氯的最外层有 7 个电子，它在结合成分子的时候，最高的化合价也的确就是 7，但是在大多数时候，它的化合价却只有 1 而已。原来，氯和钠采取了一个完全相反的策略。对它而言，想要把 7 个电子全部脱落自然是极其困难，但是，如果在 7 个电子的基础上再多凑 1 个电子，很容易就能满足 8 个电子的稳定结构了。因此，通常情况下，氯都会再多获得一个电子，变成带有一个负电荷的氯离子，化合价也就是 1 了。

这样一来，原子之间到底怎么结合的问题也就很好解释了。

比如钠和氯相遇，它们会发生化学反应。钠原子倾向于脱落一个电子，而氯离子倾向于得到一个电子，双方各取所需，于是形成了正电荷的钠离子和负电荷的氯离子。这时候，异性相吸的电磁作用力也开始发挥效力，两个带有相反电荷的微粒紧紧地靠在一起，形成了氯化钠（NaCl）。氯化钠也就是生活中常见的食盐的主要成分。

在实际过程中，参与反应的原子不会只有一两个，而是数以万亿计。当无数个钠离子和无数个氯离子相遇时，它们就会彼此交错地堆积起来，每一个钠离子的周围都是氯离子，同样，每一个氯离子的周围也都是钠离子。虽然每一个离子能够产生的作用力都很微小，但是因为这样的离子实在是太多了，它们产生的结合力就非常惊人。如果我们从厨房找出几粒粗盐，想要把它们研碎——千万别尝试"摧心掌"之类的武

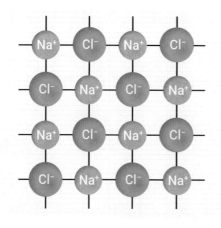

氯化钠模型

学秘籍去和它硬碰硬，它锐利的棱角足以把手上的皮肤割破。

正因为这种结合力是靠着电荷的电磁吸引力实现，所以电荷越大的离子，就可以实现特别强大的性能。比如地球上普遍存在的氧化铝（Al_2O_3），主要成分就是正电荷的铝离子和负电荷的氧离子，其中铝的化合价是 3，而氧的化合价是 2，它们之间的吸引力远比氯化钠更强。结果，想要把它们分开可就太难了。在地球上，天然形成的氧化铝，硬度极高，是红宝石和蓝宝石中的主要成分。如果想要把这种物质从固体熔化成液体，就需要升到很高的温度才可以，否则不足以打破铝离子和氧离子之间的吸引力，氧化铝也就无法流动起来。

可见，不同的原子可以靠着电磁作用力相互吸引，结合成更大的结构。然而，回到我们第 3 章的那个问题，相同的原子又该如何结合呢？回答这个问题，我们将会领略更普遍存在的物质作用力。

同性因何不相斥？

异性相吸而同性相斥——这是最朴素的电磁学理论告诉我们的现象。

然而，当科学不断发展之际，却有很多新的现象让人感到奇怪。比如，我们都知道，原子核与电子分别带有正电荷与负电荷，它们因为电性相反而吸引，于是电子绕着原子核转。与此同时，我们还知道，原子核是由正电荷的质子与不带电的中子结合而成，在那么细小的结构中，都是正电荷的质子又是怎样结合在一起的呢？

现代物理学证明，在非常近的距离下，质子之间还有一种被称为"强相互作用"的力，是它将多个质子锁定在一起。这种力我们在日常生活中绝对感受不到，因为它只在原子核那么大的空间里起作用。甚至当原子核变得更大一些，比 82 号元素的铅原子核更大时，强相互作用力就因为作用距离太远而消失殆尽。于是质子与质子之间相互排斥的电磁作用力占据主导，原子核就倾向于裂开成小一些的原子核——这就是核裂变的过程。反过来，当氢原子核靠得足够近时，强相互作用力会让这些原子核发生融合，核聚变就发生了。

对原子核的研究还发现，在极短的距离下，还有一种弱相互作用力，它和强相互作用力一道，左右着原子核乃至更小微粒之间发生的很多行为。这两种作用力，和我们早已熟悉的万有引力以及电磁力一道，被称为物质世界的四大基本作用力，物质就是靠着它们组织在一起。

不过，物理学家对于这个观点仍然不满意，很多人坚持认为，四大基本作用力应当被统一起来，它们有着一样的本质。经过不懈的努力，弱相互作用力和电磁作用力已经得到了统一，而强相互作用力也取得了一定的研究进展，只有万有引力显得特立独行。

如果把眼光拉回到我们的生活中，不难发现，强相互作用力与弱相互作用力的距离实在太短，我们用不到；而引力虽然无处不在，但它的作用系数实在太小，能够让我们产生切身体会的，也就是地球自身的引力——若是观赏钱塘江大潮，倒是可以亲眼看到月球引力的影响。

这样一来，电磁作用力就成了我们生活中最普遍存在的一种作用力，某种程度上说，也可以说是影响面最广泛的一种力，因为原子之间的各种作用力也都以此为基础，是它让我们身边的物质世界发生着各种变化。

然而，有很多气体单质，比如氢气、氧气、氮气，它们都是由相同的原子结合在一起——它们本应该具有相同的电性，为何没有同性相斥呢？正如我们在上一章所提到的，"分子"学说之所以被冷落了半个世纪，主要就是因为这一点矛盾。

19 世纪初，就在原子论刚刚被提出来的时候，虽然科学家对原子结构的研究还为时尚早，但是当时一些科学家还是凭经验领悟到了原子结合过程的内涵。这其中，最有影响力的莫过于瑞典科学家永斯·雅各布·贝采尼乌斯（Jons Jakob Berzelius，1779 年—1848 年）提出的电化二元论，这种理论敏锐地指出，不同的原子能够结合，就是因为能够形成不同的电性，就像上面讲到的氯化钠那样。在不知道原子结构的前提下就能够做出这样的论断，的确很了不起，它也有效地解释了很多物质为什么会存在。

然而，随着分子学说被重新提起，特别是氢气这类由相同原子结合起来的分子被证实是真实存在的，电化二元论开始走向破产，可新的理论却又迟迟没有建立——这些简单分子引起的学术争论，直到 20 世纪中期才被平息。

电化二元论说对了一半。

像氯化钠这样的一些物质，从现在的观点来看，已经不能被称作"分子"。正如前面所说，它们是由原子首先变成离子，再由无数个正离子与负离子交错搭建，不是阿伏伽德罗猜测的"小团体"模式。实际上，尽管我们称之为氯化钠，用 NaCl 这样的化学式去指代它，但是在食盐中我们根本找不到只由一个钠和一个氯结合起来的"分子"。如今，我们通常用"离子化合物"来称呼这类物质，一眼就能知道它们的特征。

而当电化二元论被用来解释更多物质的时候——比如水——就夸大了电荷吸引力的程度。

水分子是由两个氢原子与一个氧原子构成，其中，氢的最外层只有 1 个电子，而氧的最外层有 6 个电子。可以猜到的是，氢更容易失去电子形成正离子，而氧容易得到电子变成负离子，于是它们异性相吸，正负结合。

但是，氯离子和钠离子之间的作用力，可以让氯化钠直到 800 摄氏度时才会熔化。水在常温下却是液态，尽管它的存在还有固态（冰）和汽态（水蒸气）的聚集状态，但无论怎么看，水都不像是由离子聚集而成。

随着原子结构越来越清晰，"化学键"的概念被提了出来。它是分子或原子团中两个或多个原子（离子）之间因强烈的相互吸引而结合在一起的作用。对于水分子这样的结构，也有了更可靠的解释。价键理论就是关于化学键的基本理论，它也可以用来解释元素的化合价。这是海特勒（Walter Heitler，1904 年—1981 年）和菲列兹·伦敦（Fritz London，1900 年—1954 年）于 1927 年用量子力学处理氢分子所得结果的推广和发展。

原子与原子之间的作用力，就像是无形的锁链将原子扣在一起，而"键"的本意就是"锁"，因此，把这种作用力称作"化学键"实在是太契合不过了。

像氯化钠这样的物质，它的化学键实际上就是正负离子之间的静电引力产生的，所以被称为离子键。在 NaCl 这样的盐类晶体中，可以很容易找到离子键。除了离子键，还有一种被称为"共价键"的化学键，它是电磁作用力的另一种表现形式。共价键就是两个原子结合时，通过共享电子对而形成的化学键。

共价键的形成过程，是两个原子相互接近时，不需要发生极端的电子迁移，而是以共享电子的形式结合在一起。这样一来，所有参与的原子都可以形成 8 个电子（或两个电子）的稳定结构。就说氢气吧，两个氢原子各有一个电子，它们结合在一起就有了两个电子，它们同时绕着两个氢原子旋转，于是每个氢原子都有了稳定的结构。

打个比方，离子键就像是借贷关系，钠的电子借给了氯，它们从此绑定在了一起；共价键则好比是夫妻关系，各自拿出一部分电子作为共同财产过日子，如胶似漆。

像氧这样的原子可以形成两个化学键，所以当氧和氢碰到一起时，就需要两个氢原子才能和一个氧原子结合，这才有了水分子。

通过化学键的形式，形形色色的原子都可以连接在一起，而它的本质却仍然是以电子为载体的电磁作用力，和我们在宏观层面上看到的玻璃棒吸引纸片有着莫大的相似性。1938 年，莱纳斯·鲍林（Linus Carl Pauling，1901 年—1994 年）出版了《化学键的本质》，完整地阐述了这些观点。这部作品引起了巨大的轰动，终结了物质在原子层面如何连接的世纪之争，也成为鲍林 1954 年荣获诺贝尔化学奖的重要依据。

也正是对化学键有了足够的了解，我们可以操控原子，让它们按照理想的结构进行排列。然而，我们怎样才能对原子施加这些力？

　　人不吃饭就没有力气，这个道理对所有的物质都成立，因为我们需要耗费能量才能进行各种操作，而物质和能量本就是一体的。下一章，我们就来说说它们之间的关系。

永不消失 5
——物质和能量是怎样转化的

奇妙的等式

1945 年 8 月 6 日和 9 日，两枚原子弹分别落在了日本的广岛和长崎，数十万人当场丧命，在后来的几十年里，因为核辐射而遭受身体与心理双重伤害的人更是不计其数。几天之后，日本天皇宣布无条件投降，第二次世界大战至此落幕。

在人类的历史上，战争与和平一直是最重要的议题之一，战争烈度的不断升级，也在刺激着科学技术的飞速发展，原子弹更是用血淋淋的事实证明了这一点。

多年以后，随着"曼哈顿工程"的各种细节不断解密，人们得以串联起 20 世纪上半叶的很多历史瞬间，从而逐渐明白，除了在战争方面的巨大影响外，原子弹成功被引爆，也刷新了人类的物质观。科学本无善恶之分，如何利用科学为人类谋幸福才是科学的真谛。

我们已经知道，在太阳内部，核聚变已经持续了至少 45 亿年。所谓核聚变，就是轻原子核聚合变成较重的原子核，同时释放出巨大能量的过程。原子核剧烈撞击并融合的过程，以氢和氦的聚变为起点，新的元素因此源源不断地生成，我们此前已对此过程有所了解。原子弹所用的原理与之相反，被称为核裂变，就是原子核分裂为两个质量相近的核（裂块），同时释放出中子的过程。较大的原子核在此过程中会分裂成更小的原子核，在此过程中也会生成新的元素。

核裂变可以用于制造原子弹，而在原子弹首次得到应用的九年后，以核聚变为原理的氢弹也试爆成功了。这两种核弹，背后都离不开一条重要的公式：$E=mc^2$。公式中的 E 代表能量，m 是物质的质量，c 代表光速。这条美丽的公式最初由爱因斯坦于 1905 年提出，通常被称为"质能方程"。

理论上说，当一种物质消失的时候，它的所有质量都会转化为能量，

并且总能量可以由"质能方程"计算得到。只看这个公式，它似乎是在说：如果我们找到一块木头，又挖出一块煤球，它们刚好都是 1 千克。尽管木头和煤炭的成分不同，所含的各种原子数量也不同，属于不同的物质。然而，它们具备相同的质量，也就蕴含着相同的能量。

直观来看，这是有违常识的。就像木头和煤球，如果用来给炉子加热，煤球可比木头耐烧多了，显然，煤炭富含更多的能量。

然而，当我们以更普遍的角度来看待"能量"的时候，就会理解爱因斯坦的世界观，也能更深刻地知晓物质的规律。

200 多年前的 18 世纪，以法国为中心，上演了一场有关"燃素"的辩论。这场规模盛大的辩论，几乎吸引了当时所有最出名的自然科学家，特别是诸如法国的安托万 – 洛朗·拉瓦锡（Antoine-Laurent de Lavoisier，1743 年—1794 年）、瑞典的卡尔·威尔海姆·舍勒（Carl Wilhelm Scheele，1742 年—1786 年）、英国的约瑟夫·普利斯特里（Joseph Priestley，1773 年—1804 年）等一些顶尖化学家。所谓"燃素"，当时认为，它是一种支撑物质燃烧的过程中存在的"元素"，燃烧时燃素以光和热的形式逸出，物质的质量在燃烧之后一般也减少了，因此燃素好像也有质量。当一种物质含有燃素时，它就可以燃烧，而当燃素被脱除后，它便不再能够燃烧。

以后世的眼光看，如此众多的科学家汇聚一堂，只为研究燃烧的过程，这多少有些小题大做。在物质科学史上，很多故事都是这样，20 世纪的量子科学也只是从"黑体辐射"这个现象开始的。

尽管后来遭到批判，然而诞生之初的"燃素说"，很大程度上却是合理的，因为它符合我们观察物质的第一视角。就像前面说到的木头和煤球，要想理解同样质量的煤球为何能够在燃烧时释放出比木头更多的热量，那么只要做一个思想实验，想象其中蕴含某种可以燃烧的元素，煤炭所含的燃素比木头更多，那么这个问题就迎刃而解。

不仅符合观察结果，燃素说甚至还有其进步之处。世界上可以燃烧的物质很多，它们的形态各异，燃烧时的状态也不尽相同，而燃素理论将燃烧的现象归纳为更普遍存在的化学反应，有助于解释整个物质世界的一般规律。

只是在解释更多的现象时，这一理论出现了矛盾。

举个例子，燃素说的支持者注意到，木头和煤炭燃烧之后会变轻，这似乎可以理解成燃素逸出后的结果；然而，有一些金属也会燃烧，并且它们燃烧后的质量是增加的，这实在令人匪夷所思。

对于这个现象，燃素说的理论家们提出了一个足以让燃素说寿终正寝的荒诞推论：燃素可以是负质量的物质。也就是说，有些物质在燃烧之后，其质量不降反增，是因为它们在这种情况下释放出了负质量的燃素。

这种自相矛盾的说法，令包括拉瓦锡在内的很多科学家下决心进一步探索。拉瓦锡最终证明，物质燃烧和动物呼吸的本质是氧化反应，据此驳斥了不正确的"燃素说"。有的物质燃烧后的质量增加，是因为氧气或其他氧化剂成了燃烧灰烬中的一部分；有的物质燃烧后的质量减少了，只是因为燃烧中产生的二氧化碳、二氧化硫等气体没有被收集，实质上它们的质量也是增加的。至此，燃烧氧化说终于取代了错误的燃素说。

在此基础上，拉瓦锡还乘胜追击，提出了"质量守恒定律"。如今，化学教科书会在最开始就讲述他的这段故事——的确，质量守恒定律是支撑化学这门学科最核心的基础之一。

问题到这里并没有结束。事实上，质量守恒定律并没有解释所有问题。还是以木头与煤球为例，如果木头和煤球在燃烧后，再加上参与反应的氧气，质量也都没有发生改变，为什么它们释放的能量却不一样多？

或者我们还可以思考几个更简单的问题：一个铁球，放在山顶上所蕴含的能量和放在山脚下时一样大吗？显然，我们都知道，山顶上的势能更大，铁球蕴含更高的能量，那么在其他参数都不变的前提下，山顶上的铁球质量和在山脚下一样吗？进一步思考，被压缩的弹簧，飞出枪口的子弹，它们都各自累积了势能或动能，是否和此前一模一样呢？

这些略显得荒唐的实际问题，或许想破脑袋也不知道从何处着手。不过，随着爱因斯坦提出相对论之后，物质世界就发生了剧变，而相对论也是理解这些奇妙问题的绝佳工具。

我们已经知道，光是一种电磁波，麦克斯韦方程描述了它的运动过程。很奇怪的是，如果根据麦克斯韦方程进行计算，光速是不变的。这里的"不变"，说的是不管观察者自己的状态如何，看到的光速都是一样的。好比说，一道闪电出现，乘客不管是待在站台还是坐在高速行驶的列车上，他们看到闪电发出的光，速度是一样的。

如果不是闪电的光而是雨滴——当站台上人看到雨滴垂直落下时，

火车上的人将会看到雨滴向斜后方运动，二人看到的雨滴速度并不相同。看起来，光速不变的特性与我们的常识并不吻合。

然而，尽管这个计算结果这么离奇，它还是被实验证明了。1887年，两位科学家完成了一次著名的实验，以至于后人冠上他们的名字，称之为迈克耳逊-莫雷（Michelson-Morley）实验。正是这个实验，证明光速不变是真实存在的规律。

在牛顿力学范围内，时间和空间的测量与参考系的选取无关，这就是时间的绝对性和空间的绝对性。有了光速不变的实验基础，爱因斯坦重新思考了那个火车与闪电的思想实验。我们都知道，在匀速直线运动中，运动距离 s 等于运动时间 t 和速率 v 的乘积，即 $s=vt$。当闪电的光传递到移动中的火车上和火车旁静止的人时，假如闪电发生的那一刻，闪电与两个人是等距的，但是因为相对运动的关系，两个人看到闪电的时候，各自与闪电击中的距离却是不一样的。又因为光速相对于两个人的速度不变，也就是说，在上面那个公式中，s 变了，v 没有变，那么只有一种结果，那就是 t 变了——两个人的时间不同。更直接地说，运动的那个人，时间相对流逝得更慢，这就是狭义相对论的基本理论。物理规律对所有惯性参考系都是一样的，不存在任何一个特殊的（如"绝对静止"的）惯性系，即物理定律对所有惯性系都是等价的。针对牛顿绝对时空观存在的问题，爱因斯坦建立了物理学中新的时空观和（可与光速比拟的）高速物体的运动规律——狭义相对论。由于涉及的只是无加速运动的惯性参考系，所以称为狭义相对论，以区别于后来爱因斯坦推广到非惯性参考系的广义相对论，他在那里讨论了加速运动的参考系。

在这个基础之上，爱因斯坦又进一步思考，得出引力对于时间的影响，也就是在引力很强的位置，时间也会变慢，这又是广义相对论的基本理论。

根据相对论，可以得出很多推论，其中一条就是质量的变化——运动的物体质量会增加。不仅如此，任何让物体能量增加的行为，都会体现在质量上。也就是说，理论上讲，压缩的弹簧会比松弛的弹簧质量更大。至于质量会变化多少，爱因斯坦通过缜密的计算，得出 $E=mc^2$ 这个公式。

通过这个公式，我们可以得知，当物体的质量消失时，它可以转化为巨大的能量。但是，因为这个公式中的光速（c）达到了大约每秒 30 万千米，以至于哪怕只有非常细微的质量变化，都会造成极大的能量变化。而在生活中，就算是炸药爆炸这个过程，产生的能量已经很大了，可质量变化还是小到根本不能用仪器测量出来。

在爱因斯坦研究相对论的那段时期，人们所知的过程，只有一种有可能出现明显的质量变化——包括聚变与裂变在内的核反应。这些核反应都会引起质量减少，而它们释放的能量，比其他任何形式都要大得多。如果把这些反应放到军事武器中，那可就了不得了。

于是，人类史上最大胆的科研攻关计划在美国出现了，那就是以核反应为基础制造出原子弹的曼哈顿工程。论证了质能方程的爱因斯坦也应邀参加了这项工程，然而当他知道这项工程的目的后，信奉和平主义的他并没有继续下去。

他很清楚，一旦原子弹的研究取得成功，将会造成多大的杀伤力。最后在日本上空爆炸的两枚原子弹名叫"小男孩"和"胖子"，它们所用的爆炸材料分别是"铀"和"钚"。以"小男孩"为例，它所含有的铀只有区区 64 千克，和一名成年人体重相当，爆炸后减少的质量更是不足 1 克，但是却能破坏整座城市。

这样看来，前面说到的 1 千克木头或煤球，如果真的能够彻底转化为能量，那么按照质能方程算下来，会是一个令人恐惧的结果，人类目前也还没有技术能够做到这一点。而它们在燃烧时也的确会出现质量变化，只是微乎其微，所以"质量守恒定律"通常还是适用的。

被激发的电子

在物理学中，1905 年被称为"爱因斯坦奇迹年"，甚至 100 年后的 2005 年，还专门为此设立了"国际物理年"。因为爱因斯坦在这一年发表的 5 篇论文，每一篇都可以说是开创性的伟大工作。1905 年，爱因斯坦提出的"相对论"可以说是石破天惊，10 年后他又进一步完善，提出了"广义相对论"，构建出一个完全超乎想象的物质世界。然而，这对当时的人们来说，实在是过于超前了，以至于科学界最权威的人士都不敢贸然判断他的说法是对还是错。事实证明，这样的犹豫是有必要的，就像阿伏伽德罗提出分子理论时，正是因为主流科学界因为不理解而弃之如敝屣，以至于物质科学的发展被大大地延后了。

当时，爱因斯坦的思想远远超前于那个时代的所有科学家，除在数学上曾得到马塞尔·格罗斯曼（Marcel Grossmann，1878 年—1936 年）和戴维·希尔伯特（David Hilbert，1862 年—1943 年）的有限帮助之外，几乎单枪匹马奋斗了 9 年。爱因斯坦曾自豪地说："如果我不发现狭义相对论，5 年内就会有人发现它。如果我不发现广义相对论，50 年内也不会有人发现它。"到了 1921 年的时候，诺贝尔奖评奖委员会坐不住了，爱因斯坦对科学的贡献实在是太大了，如果一直不颁奖给他，怎么也说不过去。

然而，还是有些物理学家不同意这样的做法，巨大的争议之下，1921 年的诺贝尔物理学奖出现史无前例的轮空。直到一年后，另一位大科学家尼尔斯·玻尔（Niels Bohr，1885 年—1962 年）获奖，而玻尔获奖的理由却与爱因斯坦的其中一项"奇迹"相关，于是诺贝尔奖委员会顺水推舟，以此为由补发了爱因斯坦的诺贝尔奖，填补的是 1921 年度诺贝尔物理学奖的空缺，但是他获奖的理由却不是创立相对论。爱因斯坦拿到获奖的电报时，刚刚从香港到上海的轮船上登岸。

爱因斯坦获奖的这项工作，就是鼎鼎大名的"光电效应"，它很好地解释了能量，特别是光这种能量与物质之间的联系。

简单来说，光电效应指的是光照促使物质形成电流的过程。这种现象如今已经被广泛地应用在太阳能光电板中：在太空站上，在戈壁滩上，在农村的大屋顶上，到处都可以看到这种装置。它可以稳定地吸收太阳光中的能量，让物质中的电子运动起来，形成电流后传递到电池中，光能于是以电能的形式被储存起来，用于驱动各种电器。

早在 1887 年，德国科学家海因里希·赫兹（Heinrich Hertz，1857 年—

1894 年）就已经在实验过程中观察到光电效应，但是对于这种现象发生的过程，却没有办法解释。正如第 4 章所说，光是一种电磁波，没有质量，电子却是一种有质量的物质，那么电磁波又怎么能推动电子运动呢？事实上，在光电效应中，还有很多奇特的现象，科学家们修正了很多物理学理论，依然不能将其中的道理讲清楚。

爱因斯坦首先设想，光或许还有"粒子"的特性，像一个个小球，这些小球在静止的时候没有质量（静止质量为零）。正如前面质能方程所计算的结果，运动中的光既然具有能量，那么它就增加了质量，如此一来，它不就可以对电子产生作用了吗？他把这种粒子称作"光子"，并且强调这种光子的能量与光波的频率相关，频率越高（波长越短）的光能量越高。这样一来，这些光子就像切菜一样，把光的能量分成了一份又一份，所以光子也常被称作"光量子"，这种思维体系则被称作量子力学。

这样一来，光电效应中一些原本看起来很奇怪的现象就能够被解释了。比如，用光照射某种材料的时候，如果紫色的光可以产生电流，红色的光就不能产生电流，那么，无论紫色的光多弱，红色的光多强，都不会改变这个结果。

如果认为光波中的能量是由一个个光子承载的，紫色的光频率高而波长短，每一个光子的能量就大，红色光与之相反，每一个光子的能量就小。电子就像是落在坑里的一只足球，要想让它滚动起来，就需要有足够的能量把它从"坑"里踢出来。紫色的光子能够做到，红色的光子却做不到。紫色光弱，光子的数量少，但也只是踢出的电子少了一些，

现代光伏电站也利用了"光电效应"

红色光再强，光子再多，它也仍然不能让电子形成电流。

爱因斯坦提出的这个思想，也启发了玻尔对原子结构的思考。

第4章提到，卢瑟福的原子结构简单而直观，但是在描述原子的时候，也存在一个非常致命的漏洞——如果负电荷的电子绕着正电的原子核旋转，那么它为什么不会释放出能量，直到电子和质子吸引在一起了呢？也就是说，卢瑟福行星模型无法解释原子的稳定性和原子有一定的大小。诚然，卢瑟福行星模型存在一定的局限性，但由于其直观且容易理解，所以在不少情况下，仍用以作为对原子结构的一种粗浅说明。下面讲的能级的概念等纯粒子性的表述，也是因较为形象和易于计算，至今都在沿用着。

玻尔猜测，电子在原子核外的不同轨道上运动，每一个轨道都有各自的"能级"。所谓能级，就像是能量构筑的台阶——相邻的台阶之间，总是有着特定的能量。电子在原子核外运动时，就处于不同的"能级"。

如果电子都处于最低的能级时，物质这时的状态就被称为基态。而当电子接收到能量后，就会发生跃迁，像是爬楼梯一样，爬到"激发态"。所有电子都只在基态上的物质，实际上只存在于理想当中，因为我们找不到完全不携带能量的物质。

这样一来，原子核外的这些电子，吸收的能量也是"量子化"的，它必须要吸收或者释放特定的能量才会发生"跃迁"。我们知道，地球以外绕转的那些人造卫星，报废以后就成了太空垃圾，它们会慢慢地减速，逐渐消耗自身的能量，最后落在地球上。但是，绕转原子核的电子就不会这样，因为它不能"逐渐"消耗能量，只是一直在轨道上旋转。

而当电子要从"基态"跃迁到"激发态"的时候，就像爬楼梯一样，它也必须每一次都爬升特定的"能级"。光电效应是一种特殊的跃迁，它的能量足够高，让电子直接爬到了楼顶，变得"自由"了——就像坑里的足球被踢出来了一样。

玻尔的这些创造性思想，如今被称为原子的"玻尔模型"，它也在很多实验中得到了证明——比如光谱实验，我们下面还会讲到。不过，这种把电子轨道"量子化"的处理方法，也让物质之间的化学反应得到了解释。

为什么有些反应必须要达到了一定的温度才会进行呢？因为加热是输入能量，此时承载能量的微粒也是光子，只是它们处于红外波段，比可见光的频率更低，我们肉眼看不到。但是不管怎么样，这些光子撞到了电子，让电子发生了跃迁，进入了激发态，运行的轨道比原来更远离原子核。当两个这样的原子撞到一起的时候，它们就更有机会发生结合，当然，如果已经结合在一起的原子，也会因为这个过程更容易分开。于是，它们在这种状态下找到各自更契合的原子伴侣，化学反应也就完成了。

实际上，玻尔的这个模型，对爱因斯坦的相对论也是很好的补充。根据计算，因为有些轨道的能级实在太高，电子在这些轨道上绕转的时候，运动的速度实在是太快了，以至于有些电子的质量比静止状态时高出了 20% 以上。这样一来，我们不只是可以窥探核反应过程中质量转化为能量的原因，还可以计算出来，这些电子与原子核之间的吸引力发生了很大的变化。这种变化效应被称为"相对论效应"，它可以被用来解释很多，比如为什么钨的熔点那么高（约 3 400 摄氏度，所有金属中最高），汞的熔点又那么低（−38.87 摄氏度，所有金属中最低），而锇的密度又会那么大（22.59 克每立方厘米，所有元素中最大）。

必须指出，玻尔理论对只有一个电子的氢原子和类氢原子的谱线频率作出解释无疑是成功的；海森伯的位置与动量不确定关系表明，玻尔模型不能正确地描述电子在原子中（如多电子原子）的行为，也不能说明谱线的强度和偏振等现象。玻尔假设（玻尔模型）属于半经典半量子的理论，尽管后来经德国物理学家阿诺德·索末菲（Arnold Sommer-feld，1868 年—1951 年）等人的修改和推广，但仍未能摆脱困境。尽管如此，玻尔理论的部分成就，促进量子论的发展，在科学史上曾起很大作用。在探索真理的过程中，理论上的缺点是难以避免的。随着科学探索不断深入，我们期待有更优的模型超越玻尔的理论。

在 20 世纪的物理学历史上，爱因斯坦和玻尔之间曾发生过一场旷日持久的论战。不过，他们并不是"敌人"，而是"战友"，正是他们对相对论和量子力学的探讨，让我们现在对于物质世界有了更清晰的认识。

接下来，我们就来看看，人类是怎么"看"物质的。

看清物质

物质世界精彩纷呈，我们睁开双眼就能看到各式各样的物质。在公园里，我们可以远望蓝天白云，也可以欣赏湖面波光，又或是端详野草怪石，偶遇几个亲戚朋友。所有这一切都是由物质构成的，这一点我们早就知晓，但我们是怎么辨识出不同物质的呢？

最重要的辨别方式，自然就是看——不同的物质可以发射或反射出不同的光，我们的双眼正是通过对这些光进行反应，才最终识别出它们是什么，或者远远就认出熟悉的人。

这种作用方式的基础，就是物质和能量的相互关系，而我们今天能够借助的各项仪器，绝大多数也是利用了类似的原理。

这其中，最常用的一种方法被称为"光谱分析"，此前我们说到从太阳中看到氦元素，其中利用的方法就是通过对其辐射的特征谱线进行分析鉴定得出的。

光谱，顾名思义就是依光的波长大小排列的谱图，它是记录某种物质发射或吸收光波的一种图案，根据光谱去识别物质，就跟看着乐谱唱出歌曲一样。

光谱的形式非常多样，因为物质发生能量变化的方式实在太多了，电子跃迁只是最常见的一种，我们双眼通常也是根据这一点发挥作用。

比如，当我们去欣赏月季花的时候，五颜六色的花朵屹立在绿叶环抱的枝头，而我们的眼睛可以真切地看到每一朵花，这就是一种可见光形成的光谱。在这个过程中，观测设备是我们的双眼，而识别设备则是大脑中的处理系统。

在这些月季花和它们的叶子中，含有很多不同的色素分子。这些分子是由原子构成的，每一个原子中的电子，在吸收光波后，就会发生跃迁。正如前面已经提及的，电子的跃迁必须要遵循一定的能级，是量子化的。所以，当太阳光照射过来的时候，那些能量没能满足电子刚好在能级之间发生跃迁的光子，就不会被吸收，通常会直接反射出来。这样一来，我们所看到的颜色，就是色素分子在吸收过所需光波后剩下的那些颜色。

眼睛本身也是一个能量与物质相互作用的场所。就人眼而言，大多数拥有的视觉系统中都有三种被称为"受体"的感光结构，它们分别带有一些物质可以和不同颜色的光发生作用，然后再把信号传递给大脑，大脑由此识别出红、绿、蓝三种颜色。实际上，人类现在绝大多数电子设备也都是这样设计的，比如电脑屏幕，也可以发出红绿蓝三种颜色，它们可以按照不同比例，调和成包括白色在内的各种可见光。

如果人类只能看到两种颜色，那么我们可以识别的物质将会大为减少——事实上也的确有很多人天生色盲，缺少某种感光成分，对生活产生了诸多不利（"色盲"这种现象最早也是由道尔顿发现的，因此色盲

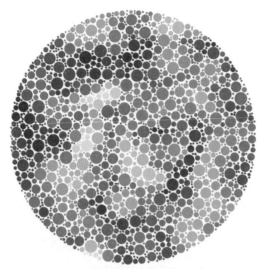

看一看，图中的数字是什么？

症又有"道尔顿症"的称呼，道尔顿的实验水平相对不高，与此可能有一定关系）。

相反，如果感光的成分更多，就会更容易观察到物质的变化。鸟类和一些爬行动物的眼睛中都有着四种或更多的受体，它们看到的世界也比我们人类更丰富多彩。

不过，在掌握了能量与物质相互作用的规律后，人类用检测仪器弥补了这些不足。

很多物质的电子跃迁并不在可见光区，也就是说，它们吸收的光是我们所看不到的，于是这些物质在我们看来，要么就是平平无奇的白色、灰色或黑色，要么干脆就是透明的。玻璃就是一个很好的例子，我们偶尔会莫名其妙地撞到玻璃上，就是因为它看上去空无一物。然而，这并不代表玻璃的内部就不存在电子跃迁，只是因为它们吸收的光波非常短，是比可见光频率更高的紫外光，对可见光却没有兴趣，所以我们看到的就是像水一样晶莹清澈的玻璃。如果我们肉眼能够看到紫外光，那我们看到的玻璃或许就和青铜器差不多了。

对于这些肉眼根本无法分辨的物质，紫外光谱仪器就可以轻松地看出它们的差别，它就是我们眼睛的延伸。

除了紫外光谱以外，还有红外光谱、拉曼光谱、荧光光谱之类的各种光谱仪，都可以帮助我们看清物质。它们全都是利用了电子在能量作用下发生跃迁的原理。即便只是在可见光区，有很多物质也需要仪器的帮助才能看明白它们的真身——这也正是我们从太阳光谱中找到氦元素的办法。

再说一下光。从本质上讲，我们所说的光指的是可见光，从紫光到红光区域。广义上，光不仅是可见光，还包含红外线和紫外线等。虽然红外线、紫外线以及在它们波长之外的电磁波均不能引起人眼视觉，但紫外和红外波段的电磁波可有效地转换为可见光，利用光学仪器或摄影与摄像的方法可以量度或探测发射这种光线物体的存在，因此，在光学研究领域，光的概念通常延伸到邻近可见光区域的电磁辐射（红外线和紫外线），甚至 X 射线等也被认为是光。

但是，能量对于物质世界的影响还远不止于此，我们的生活，无时无刻不在感受着能量的变化。

物质的状态

我们已经知道，水有固态、液态、气态这三种状态，在温度条件不同的时候可以发生改变，而液态的水对于地球生命而言非常重要。

物质的状态和能量有着直接的关系，但它同样也会受到其他很多因素的影响，比如压力。在地球海平面，水在100摄氏度时会沸腾，液态的水蒸发成水蒸气；但是到了高山上以后，因为气压变低了，水的沸点也会下降，可能80摄氏度就沸腾了；要是反过来，用高压锅煮开水的话，水的沸点就会增加，一直到120摄氏度左右才会沸腾。

如果压力再大一些的话，液态的水会更难沸腾，甚至直到很高的温度，水也不会彻底变成气体，而是形成一种不像水也不像气的物质——这种状态被称为超临界流体，它具有很多特殊的性质。

有一些物质比较容易出现超临界流体，二氧化碳就是如此。在地球表面自然的环境下，二氧化碳并不存在液态——如果给这种气体降温，会在零下78摄氏度的时候直接转化为固态二氧化碳，也就是我们前面讲到的"干冰"。不过，只要在常温条件下给它施加很高的压力，大约是高压锅内最高压力的10倍左右，就能获得二氧化碳的超临界流体。这种流体的溶解能力非常强，可以被用来提纯很多物质，如今已经应用在医药、食品等领域广泛应用。

为什么流动态的物质——液态的水或超临界流体二氧化碳——会有如此特别的作用？这还是能量与物质交换的规律决定的。

当外界温度非常低的时候，所有的物质都有可能凝固。氦是所有物质中熔点最低的，只有不到1开，也就是低于–272摄氏度。当物质处于固态时，所有的原子就像排队做操一样，停留在各自确定的位置上，尽管也会小幅度振动，但是相对位置却不会改变。

随着温度上升，这些原子的振动幅度会持续增加。当然，正如前面所说，能量也会被电子吸收，让电子跃迁到更高的能级。如果此时的电子跃迁就引发了化学反应，那么这种物质就不会转化为其他状态，而是直接在固态时就分解了。有一种优质的化肥叫碳铵，它的实际成分叫碳酸氢铵（NH_4HCO_3），只要在阳光下照射一会儿，它就会发生分解，变成氨气、二氧化碳和水，最后什么固体都不会剩下。所以，这种肥料见效很快，失效也很快，用起来还需要点技巧。

不过，大多数物质还是可以支撑到熔化的时候，熔化时的温度就被称为熔点。并不是所有的物质都有熔点，玻璃就是这样。有固定熔点的物质被称为晶体，比如冰、铁、食盐、石英都是这样，而像玻璃、松脂、沥青之类的物质就被称为非晶体。

如果从原子层面上看，晶体和非晶体的区别就更有意思了。

晶体中的原子排列非常整齐，它们形成了"晶格"，也就是由原子在晶体内部形成的格子。它们之所以能够排列成格子，也和玻尔设想的原子结构模型有很大关系。当原子外的电子必须按照特定的轨道运动时，

常见的雪花形状

那些相邻的原子也只能采取特定的方向和这些原子相结合。比如水凝固后的晶体是冰，每一个水分子都有两个氢和一个氧，它们总是会和周围6个水分子相互靠近，规则地围成一圈。当这样的圈子越来越大时，冰就会出现六棱的特点。不过，从水结晶成完美的冰需要时间，我们看到冬天的雪花总是六瓣，就是高空中的水蒸气缓慢形成冰的结果。

当晶体熔化成液体的时候，因为原子的振动幅度加剧，电子跃迁扰乱了原子之间的纽带，于是这些原子相互之间的位置就会开始发生变化。如果这时候，原子（或分子）之间的吸引力足够大，大到还可以保持一个整体，那它们就会呈现流动的液体状态。否则，这些原子各自散开，它就变成了气态，二氧化碳便是这样，而这个过程就被称作升华。从这个过程，不难知道，物质能够在很宽的区间内保持液态，并没有那么容易。

非晶体的情况要复杂得多，因为各种原因，它没有能够形成"晶格"。比如玻璃，制造它的其中一个原材料就是石英，也就是二氧化硅的晶体。当石英熔化以后，会形成非常黏稠的液体，内部的硅原子和氧原子都会偏离原来的位置。此时，如果让它冷却下来，因为液体实在太过黏稠，原子无法回到原本的位置，这样一来，它就像是糖葫芦下被糖包裹的山楂，保持原本的混乱状态被"冻"住了。如果石英凝固的时间足够长，它也可以像水变成雪花那样完美。在火山和海底，通常都可以找到由石英形成的上佳晶体，它们被称为水晶。而当石英被用来制造玻璃时，又有钠、钙这样的物质被加入了进去，原子的位置就更加难以归位，晶格再也不能形成。所以，当玻璃从流动的状态"凝固"时，我们并不能发现它除了流动性降低以外的变化，如果说它是流动性特别弱的液体，也有一定道理。

固体转化为液体虽然有很多情况，但液体转化为气体的过程却要简单很多。实际上，即便液体没有出现沸腾的状态，也还是会转化为气体，只是速度慢了很多，所以地面上的水会慢慢地变干。在这个过程中，液体最外围的那些原子，因为受到的吸引力要小于那些液体内部的原子，结果它们脱离了束缚，就变成了气体。如果对着液体持续加热，原子振动幅度加大，就连液体内部原子之间的吸引力都不足以将它们束缚，液体就会完全转化为气体。

对着气体继续加热，原子还会继续发生电子跃迁，直到这些电子就和"光电效应"中的电子那样，彻底和原子发生分离。这时候的物质，虽然还是气态，可是组成它的那些原子，却已经形成了各式各样的离子。因为这些离子中，正电荷与负电荷大致相等，因此这种状态也被称为"等离子态"。它是气体完全电离后形成的大量正离子和等量负离子所组成的一种聚集态。不停进行着核聚变的太阳，还有云层撞击出的闪电，都是天然的等离子态。不仅太阳，还有其他恒星中的气体也都处于等离子态。这种状态也有一些特别的性能，电焊时的高亮火光，就是一种人造的等离子态，它可以让钢铁瞬间熔化。

然而，不管怎么说，液态总是显得十分特殊：它和固态一样，原子之间会紧密地结合在一起，但是它同时又和气态一样，原子之间的位置可以错开，具有流动性。

所以，当物质处在液体中时，不同物质之间的能量交换也会最充分。

在这颗星球上，海洋中存在着一系列洋流，温热的海水与冰冷的海水不断地交错流动，由此影响了各种气候，高纬度的北欧因此能够适宜居住，而南美洲则出现了海水与沙漠碰撞的场景。如果洋流停止或者倒转，温暖的地区可能会突然冰冻，而干燥的地区会迎来山洪，这对于人类和很多生物而言，都将会是灭顶之灾。

我们在乎物质的不同状态，就是因为它们携带的能量。任何物质和能量之间，都有着不可分割的关系。在这个由物质和能量构成的超大系统中，没有任何物质会真正消失，能量也是如此。

然而，对人类而言，物质的意义远不止于此，我们还要将它们应用起来，在物质与人类之间形成互动。接下来，我们就来看看那些被人类熟练使用的物质。

万物争辉 6
——物质是怎样为我们所用的

并不只是简单地混合——金属与合金

在元素周期表上，金属占据了118个元素中的94席。这其中，既有金、银、铜、铁、锡等人尽皆知的金属，也有像钌、铟、钽这样的罕见元素，还包括了诸如镅、锘、𬭶等一些人造元素。有着如此丰富的种类，金属元素注定会在物质科学中书写出浓重的一笔。

一个令人略有些意外的现象是，能够被广泛应用的金属，通常都不是某种纯粹的金属，而是制成一种被称为合金的物质。这种物质——合金就是由两种或多种化学元素（其中至少一种是金属）组成，如二元合金、三元合金和多元合金。它们同样具有金属的一些特性，却能改变纯金属性能的局限性，成为满足各种不同使用需求的优越性能的材料。

很长时间以来，金属影响了人类文明的发展。一般而言，进入青铜时代就是步入文明的标志，如青铜被大量用于铸造钱币，进入铁器时代的文明则开始走向成熟，至于影响深远的工业革命，更是由钢铁支撑起来的。到了晚期铁器时代，世界各地多已进入有文字记载的文明时代，铁器工具的使用排除了石器，并促进生产力快速的发展。这里所说的时代，通常指的是在考古学上的一个年代，如青铜时代一般指的是在考古学上继红铜时代后的一个时代。青铜就是红铜与锡的合金，故亦称锡青铜。中国在商代时期（约公元前 1600 年—约前 1046 年）已是高度发达的青铜时代，建立了冶炼青铜的工业。早在公元前 3000 年，美索不达米亚和埃及等地就已进入青铜时代。我国秦、汉以后，除青铜外，还出现一些其他的铜合金。最早出现的铜锌合金，即普通黄铜。黄铜就是铜锌合金的总称。后来又出现白铜，即铜镍合金。

尽管现代社会已经不再用某个金属来贴标签，但这并不意味着金属不再重要。相反，更多新型的金属已经派上用场，铝、钛、镁等元素交相辉映，成为生活中不可或缺的金属材料，很难说到底是哪一种金属定义了新的时代。

当然，在金店里，我们的确还可以找到高纯度的黄金，其纯度即成色，一般以千分率表示。例如，"百足金"指的就是纯度（含金量）超过 990‰的黄金，杂质不超过 1%；"千足金"的纯度则超过 999‰，以次类推。实际上，冶炼中不可能使其达到 100%，因此，通常把纯度 999.6‰以上的称为足金或足赤。然而，这些高纯度的黄金只是象征着财富，却并非理想的首饰材料。一方面，纯金只会显示出金色，难免有些单调；另一方面，更为要紧的是，纯金实在是太软了。在技艺高超的金匠手中，黄金首饰可以被打造成精美的镂空形态，可是戴上这样的首饰就得十分小心了，万一磕了、碰了都有可能发生变形，自然也就不那么好看了。

因此，为了使用起来更加顺手，黄金也常常会被制成合金。最初的分割熔合，可能只是为了降低每块金子的价值，方便交易——毕竟，米粒儿大的一颗小金珠就能换一大袋米，要是让它和其他普通金属熔在一起增加体积，就不会那么容易丢了。实际上，我们现在还会把纯金叫做 24K 金，就是这种方法的孑遗。古代进行黄金交易的人把金属中不同的组分称量出等重的 24 份，每一份都是一个 Karat（这个词同样也被用在了其他珠宝的交易中，成为宝石的质量计量单位，并且演变成"克拉"。1 克拉等于 200 毫克（1 克拉等于 205.3 毫克是 1913 年前的旧制），其辅助单位是分，1 克拉等于 100 分。为了避免混淆，代表黄金纯度的"karat"在英文中写作"carat"），其中有多少份是黄金，那么它就是多少 K 的黄金。24K 金就是生活中的一般叫法，如 18K 的饰金就是纯度为 18/24，即成色 750‰。如果饰金的成色以"成"表示时，900‰的饰金就叫做九成金。

显然，这种办法将黄金分成了 24 个不同的纯度等级，数字越高则纯度越高。尽管这种"称金术"在如今早就不实用了，但是 18K 金或14K 金却依然常见，它们通常是黄金与白银的合金。相比于纯金，它们的硬度更大，颜色也更多变，虽然价值打了折扣，但是制成的首饰还是颇受欢迎。

黄金是人类使用的第一种贵金属，世界很多地区都发现了早于当地文明诞生时期的黄金文物。这并非是一种巧合，只是源于物质的本性。

在太阳系形成之后的数十亿年里，地球也经历了无数次翻天覆地的变化。这里的"翻天覆地"并非是夸张——无论是气候环境还是地质结构，在地球上都从未有过须臾的平静，元素之间也在进行着激烈的碰撞。

我们已经知道，太阳系来源于一颗死亡的巨大恒星，那颗恒星以超新星爆发的形式释放出各式各样的元素，其中的一部分构成了地球的主体。早期的地球比现在更烫，到处都是流动的熔岩，这就意味着，密度更大的部分会因为引力的原因沉入底层。

通过现代技术对地球的结构进行探索，结果也的确如此：已经冷却的岩石覆盖在外表面，构成了地球的地壳，它虽然很薄，不足地球半径的1%，却是我们赖以生存的地方；仍然保持灼热的那些岩石形成了地幔，它们更像是一层受热软化的蜡烛，不停地蠕动，其中有一部分已经变成流动的岩浆，它也是地球主体的部分；科学家推测，至于铁、镍等更重的金属元素，就组成了地核，深入高压状态下的地球内部。

形象地说，地球就是一颗巨大的鸡蛋——薄薄的蛋壳，黏稠的蛋清，中间还有个鸡蛋黄。当然，我们还可以采取更精细的分析模式，把地球切分成很多同心球，就像洋葱那样剥开一层又一层，甚至给每一层都起一个名字，这在地质学上很有必要。但是在大多数时候，地壳、地幔、地核的划分就已经足够。再进一步的话，地核又可分为内核和外核两部分，外核深度约为 2 900~5 100 千米，推测为液态；内核深度约 5 100 千米以下至地心。据报道，1970 年，苏联科学家超级钻探工程小组在地球上钻孔，垂直钻孔到达了 12 262 米深，成为地球上最深的钻孔。

黄金的密度比铁大得多，它自然也会随着地球内部的运动堕入地

地球洋葱模型

核之中——以我们当今的技术，根本无力开采这些沉睡在地球内核的黄金。

所幸的是，地幔之中的那些熔岩十分黏稠，它们延缓了黄金沉降的过程。与此同时，元素周期表上排在第16的硫元素，在高温高压的作用下及时地与黄金结合，以硫化物的形式成为岩石的一部分。

灼热的地幔不停地蠕动，寻找着地壳的薄弱点，就像快要出壳的小鸡一样顶着地壳。倏忽之间，地球的某个地方山崩地裂，地震和火山纷至沓来，尘土冲上天空，岩浆滚落出来。正是在此过程中，黄金的硫化物也顺着岩浆来到地表。地表的压力骤降，黄金也与硫分离，成为游离态的金属，与岩浆冷却凝固后形成的岩石紧紧相抱。

又经过漫长的地质演变，昔日里坚硬的石头在雨雪风霜的摧残下变得松动，各种微生物以及苔藓野草也来凑热闹。最终，在这场被称为"风化"的漫长过程之后，岩石碎裂滚入河谷，又继续被磨成细小的砂石，夹杂在其中的黄金就这么留在了河滩之上。地球上主要的黄金产地大多位于河谷地带，长江上游被称为"金沙江"也并非是徒有虚名——这里的"金沙"的确很丰富。

大多数金属都没有黄金这么好的运气。比如铜，虽然也会和黄金一样经历从熔岩到地表的过程，但它和硫之间的结合力太强了，来到地表之后并没有分离。甚至在经过漫长的风化之后，铜的硫化物也依然坚挺，需要通过一些手段才能转化为金属铜。所以直到今天，辉铜矿还都是冶炼铜的重要原料，它的主要成分是硫化亚铜（Cu_2S）。

铁和铜的经历类似，那些有幸没有落入地核的铁也以各种方式留在了地表上。自然界中丰富的黄铜矿，其主要成分被称作二硫化亚铁铜（$CuFeS_2$），实际上就是铁与铜的硫化物交织在一起。不过，除了硫以外，铁还有另一个好伙伴——氧元素。在风化过程中，空气中的氧气和铁结合，形成了更稳定的氧化物。中国南方的土壤呈现砖红色，正是因为土壤中含有大量的红色氧化铁（Fe_2O_3）。

相比于黄金，铜和铁都不能直接被人类利用，而是需要通过冶炼才能获得游离的金属。冶炼的原理并不复杂，只要将铜或铁从各自的矿石中剥离即可。然而，这需要能量，同时还需要一些成分带走矿石中诸如硫或氧这样的杂质。这样一来，实际操作就变得很有难度。人类掌握用火的技巧已有数十万年，但是炼铜的历史只有六七千年，冶铁的历史则更短。一般而言，冶铁技术发明于原始社会的末期，它标志着冶金史上进入新阶段。人类锻造铁器的起点也就在公元前 1400 年左右，我国在春秋晚期（公元前 5 世纪），大部分地区已使用铁器。

不过，和黄金相仿的是，为了提高铜和铁的性能，人们通常也要把它们加工为成合金。

铜的合金品种很多，古人就已经发明出青铜和黄铜，它们分别是铜混合了锡（或铅）和锌的结果。古代中国人还发明出一种铜和镍的白铜合金，看起来就和银子差不多，至今还被用来制造钱币。

铁最出名的合金就是钢，它是由铁和碳形成的，其中碳的质量分数在 0.025%～2.06%。如果含碳量更高，它就被称为生铁。生铁不容易变形，但容易开裂；如果含碳量更低，它又会被称为熟铁，实际上已接近于纯铁，质地软得跟皮带一样。所以，铁通常都会被加工成钢再使用。而在现代技术的加持下，钢的种类也越来越多，比如常用于机械的锰钢，可以用作防弹甲板的钨钢，还有不容易生锈的不锈钢，等等。

还有更多的金属元素呢？它们的命运甚至还不如铁和铜这般顺利。

比如铝，它是地壳中含量最大的金属元素，经过漫长的演变，这种元素绝大多数都和氧元素结合在一起，形成被称为"铝土"的矿物（Al_2O_3）。此前我们已经知道，铝和氧之间的结合力非常强，所以想要把铝从矿石中提炼出来，万分困难。古人用炼铜或炼铁的方法，根本提炼不出铝，直到电被发明出来并广泛使用以后，才有了电解炼铝的工艺。即便如此，因为矿石超强的结合力，它的熔点实在太高，故而还需要在其中加入一种助熔剂——顾名思义，这就是为了帮助矿石熔化。这种助熔剂被称为冰晶石，就因为它可以起到降低熔点的作用而得名，其主要成分是六氟合铝酸钠（Na_3AlF_6）。

铝也不是最难冶炼的金属。

在元素周期表的下方，通常还会多出两行，它们分别被称作镧系和锕系。它们本该排在元素周期表的第三列，但是这样会让表格显得太长，故而一般的印刷版本都会将它们截到最下方。

锕系元素大多数是人造元素，在地球上的存量极低，只有为数不多具备开采价值的元素，例如钍和铀，它们主要都被用在了核电厂中。

镧系元素可不一样，它所包含的 15 种元素，连同周期表上第三列已有的钪和钇，合起来被称为稀土金属。这些金属元素个个身怀绝技，可以被应用在很多高科技设备中。比如有一种叫钕的元素，它就可以被用来制造强磁铁。所以，稀土元素也常被称作"工业维生素"，用量不多却不可或缺。

然而，冶炼稀土元素可不容易。它们不只是会像铝那样，其矿石具有很高的熔点，而且，这些元素的性质实在是太相似了，想要把它们分离出来，就好比从长得一样的多胞胎中找出其中一个，那可是相当不容易。直到现在，能够掌握全套分离技术的国家也寥寥无几。中国有一位科学家叫徐光宪（1920 年—2015 年），很早就看到了稀土元素的巨大价值，也正是在他的领导和呼吁下，中国的稀土提炼技术如今已经在全世界领先，有人把他誉为中国的"稀土之父"。

从黄金到稀土，人类花了好几千年的时间，也还是没能把金属物质的世界研究透，大部分金属，我们还都没有找到它最合适的用途，这还有待于我们继续努力开发。

而在元素周期表的另一部分，也就是非金属元素，虽然成员的数量不多，但是它们构成的物质却在地壳中占据了很大的比例，人类对它们的利用也从未停歇过。

从石器到陶瓷

人类的历史是从石器时代开始书写的——漫山遍野的岩石提供了最初的开发工具。石器时代是考古学上人类历史的最初阶段，属于原始社会时期。那时，石器是人类劳作的主要工具。

岩石星球并不总是会布满岩石。

月球和地球形成的时间相似，也同属于岩石星球。然而，月球比地球小得多，它的引力不足以在月球表面支撑起大气层。于是，当月球被太阳照耀到的时候，温度可以高达100多摄氏度，可是等到月球上进入黑夜时，温度又会低达零下100多摄氏度。中国的探月专家认为，巨大的温差，让月球上的岩石不停地发生着膨胀与收缩，它们会比地球上的岩石更容易风化崩解。而且，月球上的火山也已经偃旗息鼓，它也很难从月球内核补充新的岩石。因此，月球的表面绝大部分都被细碎的小石子或石粉覆盖。当"嫦娥"探测器登陆到月球的时候，深深的辙印很清晰地证明了这一点。

地球上的岩石绝大部分都含有硅和氧这两种元素，它们在地壳中的总含量超过了75%。被人类用来打造石器的原料通常也是以这两个元素为主体——很大一部分原因也是他们别无选择。

如果岩石中只有硅和氧，那它就会被称为石英。石英的化学成分就是二氧化硅（SiO_2）。在河沙中，石英就占了很大的比例，而我们此前也已经提到，石英形成的完美晶体便是水晶。不过，大多数石英都会和其他一些元素依靠化学键组合在一起，它们形成的这类物质被统称为硅酸盐。

按照成因，地球表面的岩石通常会被分为三类：火成岩、沉积岩和变质岩。火成岩来自火山喷发之后冷却的岩浆，沉积岩通常是河底小碎石被挤压在一起形成的大块石头，变质岩则是地下高温高压下形成的岩石。它们可以相互转化，例如火成岩风化后会进入河道形成沉积岩，而火成岩与沉积岩都可以在地下发生"变质"，形成变质岩。

不过，对于远古的人类来说，这些岩石的来历并不重要，他们更在意的是，这些岩石是不是能够满足需要——主要是狩猎和日常的穴居生活。

幸运的是，硅酸盐虽然在地球上随处可见，相当普通而易得，但它的性能却很卓越。硅和氧之间的化学键具有无限延伸的能力，所以，当我们抓起一块硅酸盐岩石的时候，它内部的原子全都彼此连接，这就让它具备了可观的硬度与强度。或许将原子编织成手掌大的一块石头并不让人吃惊，但是如果知道"艾尔斯巨岩"的话，一定就不会再这么想了——这块巨大的石头位于澳大利亚，因为含铁量高而通体呈现红色，绕着它走一圈需要好几个小时，石头露出地面最高的部分超过埃及胡夫金字塔的两倍——后者由数万名劳工用石条堆砌了大约 20 年才完工。

不难看出，石头有着超凡的承压能力，原始人很自然地就发现了这一点，用石头制作各种工具，大到石斧，小到石簇（箭头），显著提升了他们的生存能力，也构建出史前伟大的石器时代。

然而，石器也有个严重的缺陷——它太硬了，加工起来很困难，大多数时候只能靠不同的石头相互摩擦才能造出合适的造型——这很费时间。

还好地球上的硅酸盐并没有让我们失望。那些细小的岩石落入河谷后，在水流和石块彼此的撞击之下，变成细小的河沙。生物的出现，又让河沙中多了很多有机质——我们很快就会说到它——最终变成河底的淤泥，逐渐被河水推到了岸上。相比于河沙，淤泥中的硅酸盐颗粒已经细小了很多，但它并没有能够和这些有机质很好地融合。它的确很肥沃，却又难以保留肥力，大多数植物并不能直接在淤泥上生长。一旦这些淤泥在阳光下暴晒几天，它们就会出现龟裂，最终形成扬尘。

又经过多年的风化，这些淤泥中的硅酸盐还会继续瓦解，变成肉眼无法分辨的小颗粒。这种极小的颗粒具有很强的吸附力，它可以和有机质均匀地融合在一起，形成我们更熟悉的土壤——有一些土壤还颇有黏性，故而也被称为黏土。

在地球上，黏土虽然不及岩石那么普遍，但也还算常见。也不知道从什么时候开始，人类学会了用火炙烤黏土，发现黏土在被烤制一段时间后，居然会发生硬化，变得像石头一样。这种材料，我们现在称之为陶。

烧陶之前，人们会将它们捏成特定的形状，加热之后就可以制成饭碗、酒杯这样的造型。相比于石器，陶器在制成这类工具方面有着无以比拟的优势。于是，陶器也迅速在地球上各个部落流行开来，成为人类文明早期最重要的材料。

在中国商朝时期，人们在烧陶的过程中，又发现了一种新的材质。

可能是因为机缘巧合，有一些陶器中出现了钙元素，它在硅酸盐中的作用，就如同是冰晶石在铝矿石中一样，可以起到助熔的效果。至于这个配方，又有点像是玻璃。于是，陶器表面有一些硅酸盐发生熔化，冷却后就变成晶莹剔透的玻璃状硅酸盐，所形成的连续玻璃质薄层被称为"釉"。又因为这种釉中含有少量铁元素，在灼烧之后会呈现青绿色，故而又被称为"青釉"。青釉器就是瓷器的开端，它启发了中国人开发高岭土这种硅酸盐黏土烧制瓷器的工艺，又经过两千多年的发展，产生了青瓷、白瓷、青花瓷等各式精美瓷器，成为丝路驼队还有远洋商船上的货物，远销全世界。

西汉时期的青釉器

可以说，在人类社会如此悠远的历史中扮演着如此重要的地位，陶瓷是独一无二的。而在现代，陶瓷又在高科技产品中占据着特殊的地位。

不同于古代的陶瓷，现代陶瓷并不只是硅酸盐材质，还包括硼、碳、氮、铝、磷、硫等多种元素，其中大部分是非金属元素。它们应用的领域也远不止于锅碗瓢盆这样的日用品，还有诸如电绝缘体、磁性体等各种材料。

有一些新型陶瓷的性能，甚至颠覆了我们过去对于物质的认识。金刚石是天然存在的最硬物质，它是完全由碳原子拼搭起来的物质，每一个原子都和相邻的四个原子之间形成了化学键，自然也就十分牢固。一直以来，人们都相信，它会保持最硬物质的记录。然而就在 2013 年，中国有一位叫田永君的科学家，他领导的团队却合成出了一种氮化硼陶瓷材料，比金刚石还要硬，又一次刷新了人们对物质的认识。

陶瓷究竟还有多少奥秘，我们现在还不能完全参透。它依然是我们生活中不可缺少的一部分，但也会时常出现新的陶瓷材料，带来新的惊喜。

陶瓷虽然多变，可是在所有种类的物质中，即便是陶瓷加上金属，也不及物质种类的 1%，剩下的绝大部分物质都属于有机物。

无穷无尽的有机物

有机化合物简称有机物，就是含碳化合物的总称。只有几种物质例外：通常二氧化碳、一氧化碳之类的简单含碳化合物会被认为是无机物，但它们和有机物的关系也非常紧密。

在元素周期表上，碳元素排在第六位，看起来平平无奇。然而，科学家们却很早就注意到它了。

碳元素第一次引起学术界的震撼，来自拉瓦锡完成的一项疯狂实验：烧一颗钻石，看看那样会产生什么。金刚石经过人工琢磨后的产品就是钻石，因为它实在太硬了，不能被切削，所以在当时并没有人知道它究竟是什么物质。而且，钻石也太珍贵了，一般人也没有经费去研究它，但是拉瓦锡本人是法国贵族，他有这个财力。

实验的结果出乎意料——钻石中的化学成分只含有碳元素。

碳元素也是煤炭中最主要的元素，它和包括氢、氧、硫在内的很多元素形成了各式各样的分子。如果把煤炭中的其他元素全部脱除，只剩下碳元素，那么最终得到的就是石墨，它黑黝黝的外观，看起来和钻石完全不相干。

然而物质世界就是这样，钻石和煤炭居然如此相似。

后来，盖-吕萨克的实验室里来了一位名叫尤斯蒂斯·冯·李比希（Justus von Liebig，1803年—1873年）的年轻学者。此时，盖-吕萨克和道尔顿的论战还没有结束，"分子"的概念也还在角落里坐着冷板凳，没什么人在意。1830年，李比希在前人工作的基础上，使碳氢分析发展成为精确的定量分析技术，他也成为德国历史上非常重要的化学家。

早在1815年，印度尼西亚的坦博拉火山爆发，成为人类有记录以来最大的一次火山爆发，至今还保持着记录。火山喷出的烟尘实在是太厚重了，长年飘在天空中，甚至在第二年，包括欧洲在内很多地区没能迎来夏天，因为阳光被空气中的火山灰吸收了。不仅如此，当云层转变为雨水时，火山灰中的很多物质也会溶解在雨水中，特别是二氧化硫这样的物质会转化为硫酸，于是雨水就成了破坏性很强的"酸雨"。

在各种因素的叠加之下，全世界都在1816年遭遇了不同程度的粮食减产，有些地区甚至出现了灾荒，仅欧洲就有数十万人的死亡和这场灾难相关，部分国家因此陷入动乱。少年时期的李比希目睹了这场人间惨剧，这也促成了他一生中最关心的工作——研究如何让粮食增产。他成为农业专家，还发明出最早的化学肥料。他经过研究发现，正是因为在土壤中缺乏了一些特定元素，粮食才不能很好地生长。其中，植物最容易缺失的三种元素是氮、磷、钾，因此最流行的化肥就以这三种元素为主。因为它们的元素符号分别是 N、P 和 K，所以这类化肥就被为 NPK 肥料。

然而，李比希还注意到，土壤中的碳元素似乎也不可小觑。

在此之前，英国科学家普利斯特里已经发现了光合作用。他是氧气的发现者之一，设计出的实验曾经启发了拉瓦锡。植物在进行光合作用时，会吸收空气中的二氧化碳和水，然后转化为葡萄糖，植物会以葡萄糖为原料，加工出它需要的各种物质。

光合作用解释了更早时候的"柳树实验"。17 世纪时，比利时（当时还叫尼德兰）科学家巴普蒂斯塔·范·海尔蒙特（Baptista van Helmont，1577 年—1644 年）为了弄清楚植物的养分从何而来，在大花盆里种下一棵柳树。五年后，这棵柳树的重量已经和成年人相仿，但是土壤减少的重量却只相当于两个鸡蛋而已。尽管当时还没有人能够证实"质量守恒定律"，但是海尔蒙特还是合理地推测，柳树生长时所需要的各种成分，主要来自于空气，普利斯特里最终解释了这个原理。

既然光合作用说明植物中的碳元素是植物吸收了空气中的二氧化碳才形成的，是不是土壤中的碳元素就没什么用了呢？李比希通过实验证明，土壤中的碳元素虽然不多，可它对于植物而言，甚至比其他元素更重要。就是在这些现象的启发下，李比希提出设想，认为含碳的物质是生命体需要的，是它们让生物变得生机勃勃，故而被称为有机物，与之相对，不含碳的物质便是无机物了。

李比希找出生命体和碳元素的关系，并由此归纳了"有机物"的范畴，后世便尊他为"有机化学之父"。但他不只是在农业和有机化学方面有点造诣，同时还是一名教育家，非常善于将自己的思想传达出去。德国著名的有机化学家凯库勒（Kekule，1829 年—1896 年）还是学生的时候，就听说李比希的讲座很有趣，去听了一次之后，就迷上了有机化学，并投入到李比希的门下。

这时候，"化合价"这个概念也已经被提了出来，凯库勒便开始用化合价的概念去解释有机物为什么与众不同。他首先确定，在有机物中，碳原子总是倾向于形成四价，最多可以同时和四个原子结合，而且碳原子和碳原子之间也可以互相连接，这就构成了有机化学最核心的基础。

后来，"分子"的概念也被科学界承认了，凯库勒就更进一步，确认了很多有机物的结构。其中最著名的莫过于"苯"，至今在教科书上还流传着他的传说。

凯库勒的衔尾蛇

苯分子有 6 个碳原子和 6 个氢原子，按照当时的分子理论，虽然可以绘制出一些不同的结构，可是这些设想中，却没有哪一个结构是合理的。凯库勒对这个问题也是百思不得其解，白天研究，连夜里都没闲着。有一天，他做了个梦，梦到一条蛇回头咬住了自己的尾巴，受此启发终于想通，苯可能是一种"环状结构"。后来，又有人设想出苯环结构的其他形式，因此凯库勒绘制出来的结构就被称为"凯库勒式"，以

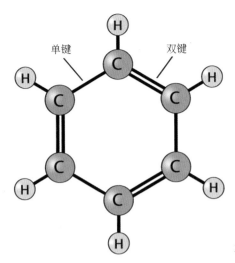

苯分子的凯库勒式

示区分。

尽管这个故事有一些附会的成分，但是"凯库勒式"的出现，的确颠覆了人们对于有机物的想象。碳原子的化合价为四价，虽然并不是最高的，但是碳原子之间却几乎可以无限连接，而且它们还可以形成环状、笼状、树枝状等各种结构，这就让有机物的形式变得非常复杂。

不仅如此，很多有机物还存在同分异构体。就像凯库勒研究苯的时候，最初设想的那些分子结构，后来有一些也通过实验被发现了。它们虽然也有 6 个碳和 6 个氢，却和苯分子有着截然不同的特性。这些原子组成化合物的分子式相同，但具有不同的结构和性质，就被称为同分异构体。这在有机化学中极为普遍。

于是，碳原子的连接千变万化，含碳的分子也难以计数。到现在为止，人类发现的物质有上亿种，其中无机物不过十余万种，有机物占了绝大多数。

凯库勒揭示了碳原子的结合规律，也有助于人们厘清金刚石与石墨的关系。在金刚石中，每一个碳原子都和另外四个碳原子相结合，它们形成了立体结构，所有的电子都参与形成了化学键，每个碳原子的位置都保持稳定，不会发生位移，所以金刚石的硬度非常大。至于碳原子形成的石墨，则是每个碳原子与另外三个碳原子以平面的方式结合，这样一来，四价的碳原子就留出了一个自由的电子，所以石墨就可以靠着这些电子自由地传递电流，不像金刚石那样是绝缘体。

石墨烯

与此同时，有些物质虽然不含碳，但是它们居然也会采取有机物那样的方式构成分子，比如元素周期表上排在碳元素之前的硼元素，还有排在碳元素下方的硅元素。这些元素在和氢元素结合的时候，有时也会遵循和碳元素相似的规律，因此科学家们对它们也充满了兴趣。物质之间的"有机"组合，似乎还给物质赋予了生命，我们会在下一章谈到这一点。

换句话说，有机物虽是含碳的物质，但是"有机"的内涵却丰富了许多。在我们的生活之中，"有机食品"正在流行，它们是在"有机农业"生产体系下，生长于良好的自然生态环境，无添加剂、无污染、纯天然等按有机农业生产要求，以及相应标准加工生产出来的一切农副产品。它们的确也都富含有机物，然而这并非是它们被认证为"有机"的本质原因。

之所以我们会对不同物质的认识越来越深，是因为我们现在已经有了越来越多的分析手段，可以看到物质的结构——就像苯分子，在电子显微镜下就可以直接看到它那优雅的六边形环状结构。正是多变的物质结构，才让物质世界变得如此丰富多彩。

结构决定性质

金属与合金、陶与瓷，还有石墨与钻石，有机物中的同分异构体，它们彼此之间的联系与差异，全都说明了物质世界中最重要的原理之一：结构决定性质。

对于很多物质而言，它的组成固然很重要，但也只有弄清其中的各种元素如何组合在一起，才能知晓它会有怎样的特性。

2020 年年初，COVID-19 病毒开始在全世界流行，成为一种让人谈之色变的瘟疫。这种病毒属于冠状病毒，而且还是过去从未被发现过的病毒种类，故而也被称为"新型冠状病毒"。

为了应对突如其来的疫情，物资方面的准备显得尤为重要。除了口罩、手套以外，快速检测出病毒的试剂也不可或缺。这种试剂最快可以当场确定一个人是否已经被病毒感染，这样就能更有效地进行防疫了。

检测病毒的原理倒也不是很复杂。

我们人类的身体中有一套防御体系，它被称为"免疫系统"，负责对外来的物质进行戒备并应对处置。当病毒成功地感染了某个人之后，它就会开始复制，在人体内的数量越来越多。病毒释放出某些被称为抗原的物质，这会引起免疫系统的警觉，发现外敌入侵。作为回应，免疫系统也会释放出一种抗体，用来对抗病毒。所以，病毒检测试剂只要能够测出这些抗原或抗体是否存在，就能证明一个人是不是被病毒感染了。

当然,这些都是间接测试的结果,我们还可以使用直接检测的手段。病毒中含有一些叫"核酸"的遗传物质,它们的结构特殊,只要确认这些核酸是否存在,同样可以证明受检者是否被病毒感染。如此检测的结果更准确,但检测时间相对更久一些。

在这些不同的 COVID-19 检测方法中,抗原检测的方法最简单,它只需要从鼻腔或咽部取样,再将样本简单处理后滴到试纸上。几分钟后,如果试纸上只出现一条线,就说明受检者是阴性,没有被病毒感染,如果出现两条线,就说明受检者是阳性,已经被病毒感染。

这种用两条线来标记出阴性或阳性的方法,就是现在最流行的"胶体金"法。

在"胶体金"中,黄金被磨成了极其微小的粉末——小到无法用肉眼看清。它们的颗粒大小通常不足一微米,进入到纳米的尺度,故而也被称作金纳米颗粒。1 纳米只有 1 毫米的 100 万分之一,所以这些金颗粒还不及头发丝的百分之一粗。这时候的金,已经不能再被称呼为"黄金"。它们可能会呈现出粉红色,但也可能会是酒红色或紫红色,这取决于它们的实际大小。

金纳米颗粒的吸附性很强,像是黏胶一般,遇到抗原就会相互吸引。这并不只是金才具备的特性,大部分固体物质在这个尺寸下都是如此,"胶体"的名称也就由此而来。

不过,胶体金的特色在于,它在吸附了抗原后,就会呈现出很有特征的颜色。这时候,只要在试纸上埋上一道特定的抗体,因为抗原会和这种抗体结合,那么当胶体金附着了抗原沿试纸通过时,就会把它们拦

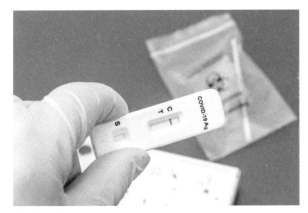

胶体金抗原检测试纸

截下来，形成一道由胶体金显现出线条。

实际测试时，试纸上会有两条线，分别被称为控制线和检测线。在处理受检样本时，还会加入另外一种已知的抗原，它附着在胶体金上，就会和控制线上的抗体结合，显现出颜色。如果控制线不能显色，就说明这张试纸已经失效了。如果样品中含有需要检测的 COVID-19 病毒，那么检测线上也会显现出颜色，这就是阳性样本会出现两条线的原因。

黄金是人类最早学会利用的金属，然而同样是金元素，既可以用来打造首饰，可以被卢瑟福用来完成金箔实验，还能被做成金纳米颗粒用在病毒检测中。不同的用途，彰显的是金元素多彩的性质。

事实上，每一种物质都是如此。

而在这些不同特性的背后，就是物质不同的结构。物质的结构决定了它的性质，于是我们可以通过调整物质的结构，实现它们特殊的功能。

整个自然界遵循的也都是同样的规律，这并不会以人的意志为转移。甚至就连我们自己，也包括所有的生命，都要依靠物质去实现生理功能——根本上说，是物质构成了生命。

从物质到生命，这是一个复杂的工程，我们将在下一章中窥一窥其皮毛。

活着的奇迹
——赋予生命的物质

7

从简单到复杂

物质为什么能够演变出生命？这可能是物质科学需要面对的终极问题。这是因为，生命体和非生命体之间显然存在着某种不可逾越的界限，我们并不知道物质世界怎样打通了这个界限。

很长时间以来，科学界认为存在着两个物质世界，也就是有机物世界和与之相对的无机物世界，并且这两个世界的物质之间并不能相互转化。比如我们赖以生存的葡萄糖，它是有机物，就只能从动物或者植物这样的一些有机物中获取，不能靠无机物转化而来。这样的分类方式，认为生命和非生命的界限天然而永久地存在，从而彻底回避了上述问题。

不过，这样的处理某种程度上也只是掩耳盗铃，它引发了人们对更多问题的质疑。我们能够从植物中摄取葡萄糖，那么植物又该从何处摄取它呢？又或者，有机物构成的木头在燃烧之后变成了无机物，如果无机物不能转化为有机物，岂不是有机物会越来越少？

经过数年的研究，德国化学家弗里德里希·维勒（Friedrich Wohler，1800年—1882年）于1828年首次以无机物氰酸氨中原料合成出尿素这种有机物，对于这个问题的讨论才步入正轨。这项工作打破了有机物和无机物之间的人为界限，动摇了当时盛行的"生命力学说"，指出了有机物的合成方向。时至今日，"有机物"已不再是本意所指的"有生命力的物质"，而是指绝大多数含碳化合物，只是为了方便研究才沿用至今。

如此一来，有关生命起源——从无生命物质形成原始生物体的过程——的问题，似乎也有了寻找答案的方向。那些不具有生命特征的物质，很可能就是生命最初诞生的地方。

实际上，在自然条件的撮合之下，新物质的生成速度超乎想象。

太阳系诞生之时，刚刚形成的地球还是一颗灼热的岩石球，在它的表面，连水都是蒸汽的状态，与氢气、氨气、甲烷等各类分子构成了地球早期的大气。然而，事情很快就发生了变化，剧烈的地质运动又释放出二氧化硫、二氧化碳等物质，让本就活跃的大气层变得更加热闹。它们彼此之间会发生一些简单的反应，如今空气中最常见的氮气便在这个时候形成。

还有一些反应会引起我们格外的注意。

正如日本隼鸟探测器所证实的那样，地外小行星上可以找到氨基酸分子。事实上，即便是在太阳系以外的空间，氨基酸都是很常见的一类物质，它们是构成生命体的核心组件之一。

所有的氨基酸分子都含有碳、氢、氧、氮这四种元素，例如最简单的氨基酸叫做甘氨酸，分子中只有2个碳原子、2个氧原子、1个氮原子以及5个氢原子。当氨气、甲烷和水共存时，就已经凑足了这4种元素，在闪电的作用下，可以形成包括甘氨酸在内的一些简单氨基酸，这一反应过程也早已被实验证明。

而当大气中出现二氧化硫后，体系变得更加复杂，由此形成更多种类的氨基酸。有一种被称为胱氨酸的氨基酸，其中就含有硫元素，它在搭建生命的过程中居功甚伟，后面还会提到它。

可见，早在地球形成初期，以氨基酸为代表的有机物就已经大量出现。随着地球表面的温度逐渐降低，海洋开始形成。这些能够溶解在水中的氨基酸，在海水中逐渐富集。

富集氨基酸的海水就如同肉汤

氨基酸有着非常特殊的结构：它的一边被称为氨基，另一边则被称为羧酸基团（羧基），这也是"氨基酸"名称的由来。氨基和羧基可以发生化学反应，结合起来。如此一来，当两个氨基酸相互靠近时，它们就像两只锁扣一样连接在一起，形成一种被称为"肽"的新物质。在肽的两端，分别残留了一个氨基与一个羧基，因此它还可以继续连接其他氨基酸。以此类推，肽会变得越来越长——这种特别长的肽就被称为蛋白质。

正所谓"海纳百川"，海洋中的几乎可以找到所有常见的元素，化学反应的类型也比大气之中更复杂。特别是磷元素的加入，在有机物和无机物之间架起了一道桥梁。水中的磷元素很容易和氧形成一种被称为磷酸根的无机离子，它有三个接口，每一个接口都可以连接一种物质，其中也包括磷酸根本身。

如果磷酸根的其中两个端口都和其他磷酸根彼此连接，如此延续下去，就可以形成一条由磷酸根串起的长链。与此同时，每个磷酸根还留出一个空闲的端口，如果这个端口迎来一种叫核苷酸的有机分子，那么这条由磷酸根连接而成的"项链"就成了核酸分子了。它是让生命延续下去的重要奥秘，后面也会再提起它。

如果磷酸根青睐的是钙离子，那么结果又会很不一样。由磷酸根和钙离子形成的物质被称为磷酸钙，它是一种非常坚硬的物质，就和石头相仿。经过氢氧根离子的修饰后，磷酸钙会转化为"羟磷灰石"，其硬度刚好能够支撑起生物的重量。如今，我们在地球上发现的所有脊椎动物，骨骼都是以羟磷灰石为主体。

甘油是另一种带有三个端口的物质，学名丙三醇，是一种有机物，也是生命的重要组成部分。甘油被称为"油"，也出现在很多油脂之中，但它本身却不是油。它的结构也不复杂，即便是地球诞生不久的恶劣环境下，也不难形成。

不同于磷酸根，甘油之间很难彼此相连，却几乎专一地与羧酸类物质连接，由此形成一类被称为甘油三酯的物质，分子结构就如同三叉的烛架插满了蜡烛。甘油三酯富含能量，几乎所有的生物体都靠它储存能量，人类也不例外。只不过，对衣食无忧的现代人来说，身体中过多的甘油三酯已经成为负担，体检时通过验血判断的"血脂"指标，指的就是血液中的甘油三酯浓度。

甘油和磷酸根还可以相互配合，与羧酸形成一类被称为"磷脂"的物质。磷脂的性质很特别，它的一端亲和水分子而排斥油脂分子，另一端却又亲和油脂分子而排斥水分子，因而被称为双亲分子。在生命体中，磷脂分子也发挥着举足轻重的作用，特别是卵磷脂，能够利用自身的双亲特性，调节身体中油脂的新陈代谢。不止如此，由两层磷脂构成的细胞膜，将细胞内外隔开，允许营养成分从细胞外向内流动，代谢产生的废弃物又能由内而外流动，细胞内部的化学反应得以顺利地进行。

近代科学研究说明，生物只能通过物质运动变化，由简单到复杂逐步发展形成。随着时间的推移，地球上的分子种类越来越多，结构也越来越复杂，生命体必需的物质基础也逐渐完善。然而，第一个生命到底是什么时间出现在地球上，这个问题并不容易回答。这不只是要考虑生命需要哪些物质，更要研究地球自身的环境。

地球拥有适中的温度，海洋可以因此保持液态，物质可以因此更容易地发生反应。不过，温度的作用不止于此：温度的高低决定了化学反应的速度。如果地球的温度太低，化学反应的速度很慢，那么生命物质形成的速度也很慢，不足以支撑生命的需求。反之，如果温度太高，反应速度太快，那么好不容易形成的各种生命物质，也会因为发生化学反应而衰减，难以积累到足以出现生命的程度。

即便已经万事俱备，生命形成的概率也并非是百分之百，还需要依赖"涌现"（emerge）这一过程。当若干简单的部分叠加在一起时，会形成更复杂的系统，然而复杂系统的某些特性，却是简单部分原先所不具备的，这种"整体大于部分之和"的现象便被称为涌现。我们每天都会和涌现现象打交道——就像破折号前的这句话，如果说成"现象道交打们我涌现和会都天每"，没有人可以轻松解读它的含义，尽管所有的字都还在，只是顺序被打乱了而已。由此可见，这句话的含义并非是由所有字原本的意思叠加而成，它超出了字意的总和。或者说，只有这些字以恰当的方式组合在一起，才能"涌现"出最终的含义。

与之类似，当所有生命要素全都凑在一起时，也只有采取特定的方式，才有可能涌现出生命。这个过程有着太多的不确定性，就像掷骰子那样难以预测。可喜的是，我们的地球成功了，最终打破了生命与非生命的界限，这也是物质世界的神奇之处。

但我们是否能够进一步知道，生命究竟是什么？

低熵系统

想象一下，你正在火锅店里大快朵颐，刚刚煮熟的虾滑在红汤中翻滚——你已经注意它很久了。面对这种并不太适合用筷子夹起来的食物，你会娴熟地拿起漏勺，将它从汤中捞起。从漏勺孔洞中流淌下的火锅汤料，还夹杂着几颗花椒。至于那些滑溜溜的宽粉，通常也只会顺着漏勺的边缘滑落到汤里。因此，你会很顺利地捞出你想要的虾滑。

在生活中，我们会借助类似于漏勺这样的很多工具进行物质的分离，而且多数时候都随意得有些漫不经心。把被子晾晒到栏杆上时，随手抄起一只衣架朝着它拍打几下，深藏在被褥中的灰尘与螨虫，就会在机械力的作用下喷溅而出；雨天里被水打湿的课本，放在取暖器旁烤一烤，纸上吸附的水分便消散了；喝茶的时候，轻轻地吹一吹，就可以避免把茶叶沫子喝进嘴里……衣架、取暖器，甚至只是我们呼出的气体，都可以被我们用来分离不同的物质。

生活中的这些动作，我们操作起来之所以会如此熟练，是因为它们其实是生命的本能。任何一种生命体都必须"学"会分离物质：鱼鳃的结构是为了分离水中的氧气，这样它们才能在水中呼吸；树木强大的根系将水和矿物质从土壤中分离出来，顺着树干送到每一片树叶；培养皿中的细菌会从营养液中分离出它们需要的养分，几乎每半个小时就可以繁殖出下一代……

换一个角度而言，生命无非就是将合适的物质搬运到合适的位置，我们人类也不例外。所有能够供我们祖先生存下去的活动，无论是采摘野果还是追踪猎物，都是从自然界中获取那些我们需要的物质，舍弃掉不需要的物质。

当我们的生存能力已经足够强大，能够在一定程度上改造自然界之时，所做的事情无非还是在分离各种物质：从水稻之中，我们收获了米粒，以此作为最重要的主食之一；从黏土之中，我们剥离了水和有机质，使之形成坚硬的硅酸盐并成为陶瓷；从铁矿石中，我们脱除了矿渣和氧元素，由此锻造出钢铁……

靠着分离物质的各种方法，包括人类在内的生命体才活了下来，一代又一代地繁衍，并将生存的奥秘传了下来。直到现在，我们还在做着相同的事情，而且就和火锅里捞虾滑一样寻常而频繁。

这些分离物质的奥秘，科学上用一个被称为"熵"的热力学系统状态的物理量进行描述，它还有一个更接地气的名称：混乱度。换言之，有序而规则的物质，其中的"熵"较低；混乱而无规则的物质，其中的"熵"相对更高。

相比于其他物质，有序是生命体最为直观的特征之一，也就是说，生命体中蕴含更低的"熵"，其结构和运动状态具有确定性和规则性。这一概念，量子物理学家薛定谔曾在他那本著名的《生命是什么》中进行了风趣而详细的阐述，但是想要理解它，并不需要太高深的物理知识。

试想你现在手上有一杯水，你用力将水朝斜上方泼了出去，一两秒钟后，这些水就会在重力的作用下落在地面上。每一次泼水，你都能得到一个随机的图案，每一次都不相同。那么，有没有一种可能，你随手泼出去的水，水迹图案会是人的形状呢？

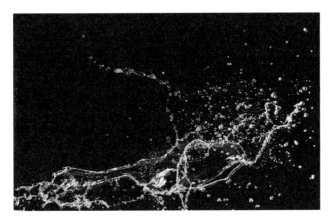

随意泼出去的水会洒出怎样的图案？

这种可能当然存在，如果你愿意试上很多次的话——这里的"很多"通常会是一个巨大的数字，"亿"这样的单位和它比起来，也只能说是微不足道。

人体中超过 2/3 的部分都是水。如果我们将这些水收集在更大的杯子里，随便泼出去，这些水重新按照人体中这样分布的概率，几乎就是零。

出现这种情况，就是熵在"作祟"。任何闭合系统都会自发向着混乱度增加的方向发展，也就是说，任何物质总体上都会变得越来越混乱。这一定律被称为热力学第二定律，不过人们更习惯以"熵增加原理"（也叫熵增定律）来称呼它，作为热力学第二定律的定量表述。

水是由一个个水分子构成，泼出去的水，混乱度增加，水会以更随意的方式铺展开，很难形成我们希望形成的图案。也有一些画家爱上了这种不确定性，他们会用喷射颜料的方式作画，那些不受控制形成的随机图案，恰恰成为最富有个人特征的作品。

然而，人体中并不只有水，还有成千上万有机物与矿物质，这就让"有序"变得更加难能可贵。事实上，别说是这么多种物质，哪怕只是在水中添加一点食盐，系统的混乱度都会呈指数级的增长。

对生命起源的探究发现，是地球早期的海洋，孕育出最初的生命体，人类也不例外。因此，人体中的各种体液，大多还保留着海洋的特征，尤其是胎儿生存所仰仗的羊水，羊水中富含的氯化钠也正是海水中最主要的盐分。羊水存在于孕妇的子宫之中，实质上是由各种盐分混合而成的水溶液。胎儿在这样的环境中慢慢长大，就像是我们的远祖在海洋中生活那样。

地球表面覆盖着辽阔的海洋，受制于不同的地理环境与气候条件，不同海域的盐度有着很大的区别。例如地中海，它被大片陆地环绕，海水的蒸发量高，盐度也相对更高；与它仅仅通过直布罗陀海峡相连的大西洋，因为接纳了无数河流的淡水，其盐度就要更低一些。于是，在狭窄的直布罗陀海峡，就会出现非常奇妙的现象：地中海底部的浓盐水会朝着大西洋方向流动，而在表面，大西洋的稀盐水却会朝着地中海流动。这一来一往之间，地中海的盐分便流入了大西洋。

海水中的盐分会自发地从高浓度的区域向着低浓度的区域扩散，这同样是熵的杰作。如果把大西洋和地中海装到两只杯子里，杯子用管道连通，那么要不了多久，两杯海水的盐度就相同了。它们不会自发变得有序——比如所有的盐分都顺着管道移到同一个杯子中——熵不断增加是自然界的重要规律。

可是生命体似乎有着完全不同的现象。

当婴儿生活在子宫营造的"海水"中时，这种氯化钠溶液就成了他的饮品，流入他的身体。尽管在他身体的任何一个部位都可以找到氯化钠的踪迹，但是浓度并不相同。特别是在细胞的内外，氯化钠的浓度呈现天壤之别：细胞外的浓度要远远高于细胞内的浓度。事实上，正是这种巨大的浓度差让细胞具备了"活着"的功能，可以由此调节血压，也可以传递神经信号。

反之，如果生命体不再"活着"，也将遵循熵增定律，变得越来越混乱。细胞内外的氯化钠不会井然有序，丧失原先的功能。

活着，还是死去，这是一个问题……

在人的一生中，"活着的意义"或许会成为思考最多的问题，很多伟大的哲学思想和文学作品也都因此而诞生。而在物质科学中，"活着"与"死去"之间，最为本质的区别便是熵。衰老乃至死亡，主要是从有序到无序的过程。活着是维持低熵，死去便是任由熵增。

令人好奇的是，生命体何以能够对抗自然界的定律？

物质的自组织形式

准确说，人类，还有所有的生命体，至今为止都没能违背"熵增"定律，我们所做的事情，无非是借助于新陈代谢，选择我们需要的食物，靠着食物中蕴含的能量，维持着低熵体系。这项工作我们可以得心应手，就像一条运河，我们可以投入能量维护它，不断地疏浚，不断地修堤，让河流保持畅通，免于熵增带来的冲击。

即便如此，所有的努力也只是起到延缓的作用。所有人都会变老，不能永远保持低熵状态，从而实现"永生"。放眼整个地球上，能够在一定程度上永葆青春的物种，也只是像灯塔水母这样的低等生物，然而它们却也因此牺牲了很多生物功能。

同样的规律，我们还可以在更普遍的现象中发现。一口铁锅和一只电饭煲相比，铁锅的机械结构要简单得多，在同等的质量水平和相同的使用强度下，铁锅会比电饭煲更耐用。换句话说，结构更复杂的电饭煲，保持有序的状态也更难。

因此，人类这般复杂的生命系统，借助于医疗手段的修修补补，能够拥有多达上百年的寿命，这毫无疑问是个奇迹。然而在这奇迹背后，物质自身的规律同样发挥着重要作用。

尽管熵增定律似乎是一个放之宇宙皆准的规则，也就是物质世界会变得越来越无序，但是局部变得越来越有序，倒也还是可能实现的。

想象一杯饱和食盐水溶液，其中只含有水和氯化钠。如果将杯子敞口放置在一只更大的密闭容器中，容器和外界没有任何物质或能量的交换，那么容器内的世界会发生怎样的变化？

容器中的余温会让水分子保持运动，一部分表面的水分子便会挣脱束缚，成为水蒸气，飘散到容器内的每个角落。水分子挥发的这个过程，会带走一部分热量。随后，有些水分子接触到容器的内壁，又会被内壁吸附并凝结成小水滴，同时释放一部分热量。当然，还有一些水分子会回到食盐水的表面，重新成为溶液的一部分。

这个过程会缓慢地进行，杯中的水逐渐减少，直到达成动态平衡。

在动态平衡之下，从杯中食盐水表面脱离的水分子，任何时间都与重回食盐水表面的水分子数量保持相同。相比于最初的状态，杯中水减少，容器其他角落的水增加，整个体系变得愈加混乱，熵自然是上升的。

然而，由于饱和食盐水溶液中水分子的减少，有一些氯化钠也不得不从溶液中脱离，并形成食盐晶体。在海边的晒盐场上，工人们也会利用相似的原理，将浓盐水中的水蒸发，从而获取粗盐结晶。

在这个熵增的密闭容器中，如果我们只观察氯化钠，就会发现，最终形成的晶体比初始溶液状态的氯化钠更有序。换言之，它的熵下降了。

由此可见，即便没有人力的干预，在一个熵不断增加的大体系中，某些物质仍然能够独善其身，甚至有可能变得更加有序。

这种现象，源于物质的自组织能力，结晶就是一种普遍存在的自组织过程。

在生物体内，自组织更是一种不可或缺的过程，生老病死都与之相关，蛋白质更是自组织的代表。

当一个个氨基酸连接在一起，形成巨大的蛋白质分子时，一个重要的问题出现了。此时的蛋白质就像是一根麻绳，如果没有任何约束，那么它的熵就会增加，缠绕在一起，变成混乱不堪的绳结。

蛋白质是生命体实现各项功能的重要物质，肌肉、神经组织、免疫系统等等，全都依赖蛋白质分子进行工作。可想而知，胡乱搅成一团的蛋白质分子肯定不堪大用。因此，想要确保蛋白质能够各司其职，就要让特定功能的蛋白质，以相同的方式从长绳编织成绳结。比如人体血液中充斥的血红蛋白，主要功能是携带氧气，只有确保每个血红蛋白的结

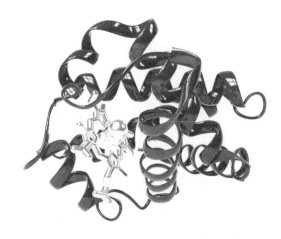

血红蛋白分子的模型

构全都一样，才能保证它们拥有相同的供氧能力。如若不然，就有可能引发严重的疾病。事实上，有一种疾病被称为镰刀型细胞贫血症，即原本很像柿饼的红细胞扭曲成镰刀状，供氧能力显著下降，其背后的原因，就是血红蛋白的结构发生了异化。

生命体中的蛋白质想要形成特定结构，依赖的就是蛋白质的自组织特性。不同于一般的分子，蛋白质的长链并不会完全自由地扭曲，而是在氢键的作用力之下，局部自发形成一些特定的形态。它们有时会像弹簧那样卷曲，有时又会像被子那样折叠起来，为了方便表述，研究者给它们起了诸如 α - 螺旋或 β - 折叠之类的称呼，这样我们就很容易想象这些蛋白质大致的模样。

不过，相比于共价键，氢键的力量仍然有限，仅仅依靠不能保证蛋白质每一次组织都能准确进行，更不能保证自组织的结构能够稳定。对生命体而言，这是一种不可控的隐患，因为熵增定律的存在，任何不稳定的要素都可能会导致有序的结构变得混乱。如今，我们已经知晓，阿兹海默症的发病缘由，就是某些蛋白质在折叠时发生了错误，变得有些无序。阿兹海默症俗称老年痴呆症，年龄高低与发病率紧密相关，由此我们可以亲眼见证，熵会随着时间推移而增加。

通常情况下，胱氨酸会作为蛋白质结构中的奇兵，如同盆景艺术中的支架那样，让蛋白质的结构变得更加稳定。胱氨酸实际上是由两个半胱氨酸构成，每个半胱氨酸中都含有一个被称为"巯基"的结构，也就是一个硫原子与一个氢原子形成的基团。巯基就如同是半胱氨酸的手掌，在一定的条件下，两个巯基可以紧紧地握在一起，让蛋白质彻底定型。

蛋白质自发定型的过程就如同是"自来卷"的头发，生长出来便是特定形态的卷发。事实上，动物的毛发也是一种蛋白质，它们能够按照特定规律卷曲，内在原因也正是蛋白质的自组织现象。不少人因为爱美而烫发，无论是从直发烫成卷发，还是从卷发烫成直发，在分子层面上看，都是对蛋白质的结构重新定型——打开由巯基构成的绳扣，再换一个方式重新系上，毛发的形态就发生了变化。

人体中有数万种不同结构的蛋白质分子，每一种蛋白质各司其职，都要依赖它们的自组织能力。进一步说，蛋白质的自组织现象，也只是生命体中众多自组织现象的缩影。骨骼的主体是羟磷灰石，但它还需要填入其他一些物质才能确保自身的强度与韧性，没有强大的自组织能力，这种复杂的结构无法形成；植物的树干中布满了微管，它们并行不悖地给树叶输送养分，这种有序的结构需要自组织能力；所有生命体都必须将自己的特征遗传给下一代，为了实现这一目标，需要的还是自组织能力。

正因为物质具备自组织特性，生命才能在熵增的趋势中保持相对有序，人体这样复杂而精密的结构，可以连续运转上百年的时间。即便旧的生命体停下了脚步，也还会有新的生命体延续下来。

然而，在生命与生命之间遗传，除了物质本身的功能外，还需要"信息"的传递。

遗传密码

人体有 46 条染色体，它们两两配对，分布在血红细胞以外的几乎所有细胞之中。这 23 对染色体，就如同是一个人的生命档案——这个人如何成长，如何发育，在很大程度上都需要翻阅这座微型的档案馆，参考了其中的数据之后才能进行。

19 世纪末，科学家们已经能够对细胞进行细致的研究，通过一些方法区分出细胞内的不同组分。当他们使用一些染料对细胞进行染色时，发现有一些成分很容易被染上颜色，故而称之为染色体。

进一步的研究发现，染色体似乎和细胞的繁殖存在直接关联。以一般条件下的人体细胞为例，23 对染色体被精巧地布置在一片狭小的空间里。这块独立的小空间被称为细胞核，核外有一层薄膜，将染色体与其他物质分隔开来。不过，此时的染色体并不能被染色，人们也更习惯于称它们为染色质。

人的一生中，细胞的数量总是在不断地增加。所有人的起点都只是一个受精卵，那不过是一个细胞而已，然而成年人的身体却是由数十万亿个细胞构成，只有细胞不断地分裂，才能发展出如此庞大的细胞集合体。即便是已经停止发育的成年人，新陈代谢依然会产生一些新细胞，同时淘汰一些已经凋亡的细胞。

由一个细胞分裂出更多的细胞，并不只是简单的数量变化，更重要的是，新生的细胞要和旧有的细胞之间保持一致性。换句话说，自然条件下，每个人都只能生长出属于自己的细胞。因此，细胞通常需要进行复制的过程——通过分裂得到的新细胞应与旧细胞看上去一模一样。这个问题说起来容易，可细胞毕竟不是一张身份证，放到复印机下就能轻松制作出副本。对细胞而言，所谓的复制是要将细胞内所有的物质都妥当分配。事实上，细胞分裂的过程，有点像是封建时代的两兄弟分家，家长需要公平地把各种财产一分为二。

细胞之中，唯一难以分配的"财产"便是细胞核，更确切地说，是细胞核内的染色质。为了避免"发生矛盾"，当细胞进入分裂的周期时，细胞核内就会预先进行复制，在很短的时间里，23 对染色质摇身变成 46 对，每一对都可以找到和它完全相同的副本。

此时，染色质已经可以被染色，变成真正的染色体，并且通过它们特有的自组织方式，形成了粗壮的棒状结构——这些变化都让研究者更容易观察到细胞内正在发生的事情。当细胞完成分裂后，新生成的两个细胞，各自获得了一套染色体副本，它们与原先细胞的染色体完全一致。

这并不是细胞增殖的唯一方式。当新的生命诞生之时，胚胎细胞如何出现，更加引人注意。

对人类来说，胚胎细胞由两个细胞合并而成——一个是来自于母体的卵子，另一个则是来自于父体的精子，它们结合在一起，成为受精卵。

在受精卵的形成过程中，染色体的变化方式不同于常规。卵子和精子中都只有23条染色体，也就是正常细胞中的一半数量，每个染色体都只是原先一对中的其中一个。而当卵子和精子结合时，它们又将重新组成23对染色体。

正是这样的分配方式，新生命的很多属性都能够确立下来，例如性别。在这23对染色体中，有一对染色体被称为性染色体。不同于其他被常染色体的22对染色体，性染色体有X型和Y型两种，体积差别很大。女性的两条性染色体都是X型，而男性则分别是X型和Y型。因此，卵子中的性染色体必定是X型，精子却有X型和Y型两种类型。最终，与卵子结合的精子中所包含的性染色体类型，会决定新生儿的性别。

在观察了染色体数十年后，科学家们越来越在意它们对于遗传的重要性。美国实验坯胎学家、遗传学家托马斯·亨特·摩尔根（Thomas Hunt Morgan，1866年—1945年）通过对果蝇染色体的实验遗传研究，发现伴性遗传规律，最终确定染色体就是遗传信息的载体，并因此获得1933年的诺贝尔生理学或医学奖。

在此之前，人们早就知道，染色体主要是由核酸和蛋白质两大类物质组成。更进一步的研究证明，承载遗传信息的物质就是核酸。

我们已经知道，核酸是生物大分子的一类，由磷酸根连接而成的长链分子，每一个磷酸根都可以连接一个核苷酸分子。核苷酸分子中有两个部分：一部分是糖分子，通常是核糖或脱氧核糖；还有一部分是碱基分子，也就是嘌呤或嘧啶分子。人体储存遗传信息的核苷酸所含的是脱氧核糖，最终形成的核酸分子，便被称为脱氧核糖核酸（DNA）。与之

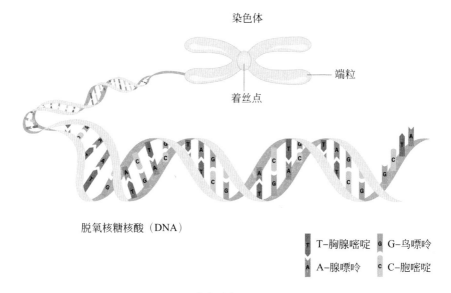

染色体

端粒

着丝点

脱氧核糖核酸（DNA）

T-胸腺嘧啶　　G-鸟嘌呤

A-腺嘌呤　　　C-胞嘧啶

染色体与DNA

相对，以核糖作为构成单元的核酸分子被称为核糖核酸（RNA），也有一些生命体以它作为遗传信息的载体。

蛋白质通常都是很大的分子，但是相比于 DNA，它们还是小得出奇。人体中的 46 条染色体，每一条都包含一对核酸分子。这些 DNA 分子的长度不一，其中最长的分子，其骨架竟然是由大约 2.5 亿个磷酸根连接而成——每一个磷酸根还都连接了一个带有碱基的核苷酸。

正是这些碱基，成为生命体的遗传密码。

和绝大多数生命体一样，人类的 DNA 分子含有四种碱基，它们分别是腺嘌呤、鸟嘌呤、胞嘧啶和胸腺嘧啶，通常被简写为 A、G、C、T 这四个字母。每个人都有属于自己的碱基顺序，不同的碱基顺着 DNA 分子排列，就构成了一段密码，例如 ATAGCCA……这样的密码足有上亿个字母，其中包含的信息量也非常惊人。

并不是所有的密码都有意义。实际上，只有少部分密码可以被翻译出来，这样的密码被称为基因。基因包含的碱基密码数量并不固定，通常包含数千个碱基。每三个碱基，就可以被翻译成一种氨基酸，这样一来，一个基因就可以决定一段氨基酸的序列，让它们连接成固定结构的蛋白质。人类的基因数量有两万多个，但是人体内蛋白质的种类却远超这个数字，它们到底是怎样实现的，现在依然很令人好奇。

我们现在已经知道的是，为了保存好这些基因，生命体做出了哪些努力。

1952 年，英国化学家和 DNA 研究先驱罗莎琳德·富兰克林（Rosalind Franklin，1920 年—1958 年）拍摄了一张著名的 DNA 的 X 射线衍射照片，她称之为"51 号照片"，照片的主角正是 DNA 分子，呈十字状排列的暗纹为 DNA 分子的螺旋状结构提供第一个证据。第二年，两位英国科学家詹姆斯·杜威沃森（James Dewey Watson，1928 年—）和弗朗西斯·哈利·康普顿·克里克（Francis Harry Compton Crick，1916 年—2004 年）对照片进行解读，终于参透了 DNA 的奥秘，合作提出了 DNA 分子的双螺旋结构模型，由此开辟了分子生物学的新时代。事实上，每条染色体中的一对 DNA 分子，是以双螺旋结构结合在一起——就像是扭曲的梯子一样。在这个梯子中，两条侧边分别是两个 DNA 分子的磷酸根骨架，横档则是它们连接的核苷酸。核苷酸上的碱基会因为氢键两两相吸，A 总是和 T 结合，而 G 总是和 C 结合。这样一来，这两个 DNA 分子就会完全互补，即便一个 DNA 分子完全消失，借助于另一个 DNA 的密码，也很容易将失去的那一个重新构建。有了这个机制，DNA 分子将遗传信息完好地保存，很难出现错误，生命体也因此得以将自己的基因传递给下一代，繁衍生息。

遗传物质能够传递生命的信息，这一点本身并不让我们感到意外。我们可以把 DNA 想象成是一张纸条，上面密密麻麻地写着 AGCT，生命通过自己的解码系统，利用这张纸条施工，最后搭建出不同的生命形式，或许是人，又或许是一只猫。但是，物质能够在生命的层面上对信息进行记录和解析，似乎启发了我们再次思考那个一开始就被提出的问题：物质是什么？

于是，整个宇宙中的这些物质，就这样搭建出我们已知最复杂也最精细的结构——或许称之为"系统"还要更合适一些。这些生命系统不停地运转，给物质世界带来了蓬勃生机，却也带来了新的危机。

然而，物质以及物质演化而成的生命形式，它们是否能够"可持续"地存在下去，这是一个更值得思考的问题。

8 冲突与重生
——物质世界会终结吗

谁杀死了恐龙？

霸王龙在它的"园子"里徜徉，它那十余米的体型，配上尖锐的牙齿与厚实的皮肤，直叫周围的生物畏而远之，没有谁敢打它的主意。

地球诞生以后，包括火山、地震在内的各种地质事件层出不穷，阳光携来的能量按动了风云变幻的开关，月升月落悄悄地诱动海水引发潮汐，就连太阳系中流浪的小行星也不时地修理一下地球。斗转星移，地球表面的恶劣环境总算有了改善，繁荣增长的生命又开始书写着属于自己的历史。于是，地球的地质环境在这些力量的塑造之下，不断地改换模样，一起变化的还有地壳中的物质种类。

为了能够更好地研究地球演化的过程，地质学家用一套特殊的纪年方式，为地球编制了"地质年代"谱。

这个"地质年代"谱是描述地球历史的时间表,科学家根据其等级系列,确定所有地层的年代标准尺度。在这个纪年法中,地球经历的45亿年沧桑,被划分成三个"宙",分别是太古宙、元古宙和我们正在度过的显生宙。显生宙起始于大约5.7亿年前,它又被分为三个"代":古生代延续到大约2.5亿年前,中生代接棒到6 500万年前,新生代又把故事续写至今。每一个代被划分成不同的"纪",每个纪又是由好几个"世"构成。

温暖的中生代,铸就了生命繁衍的奇迹,值得一提的是,在三叠纪出现了哺乳动物。无论是三叠纪、侏罗纪还是白垩纪,都是爬行动物的时代,它们留下了很多大型动物的化石,尤其是属于爬行动物的恐龙,在中生代尤其繁盛。

而在人类创作的文艺作品中,恐龙几乎成了侏罗纪的生命代言人,霸王龙就是那个时代的霸主——然而,对恐龙家族的研究结果却证明,霸王龙直到白垩纪才出现。这是披羽毛、长翅膀的恐龙或者说早期鸟类兴起的时代。

在霸王龙的统治之下,还有很多恐龙物种漫步在陆地上的每一个角落,它们同样是中生代不可或缺的成员:背挎长矛的棘龙挑战霸主的地位,长有头角的三角龙不甘沦为对手的食物,近十层楼高的梁龙伸长脖子傲视群雄,长有翅膀的翼龙正在训练着滑翔技术。

然而,在一场灾难过后,它们全都消失了。所有的恩怨,也随之灰飞烟灭,大概只有粗糙的飞行技术,成为鸟类后来统治天空的法宝。

恐龙灭绝的原因,至今众说纷纭,其中最流行的说法,是一颗直

根据化石想象的三角龙与霸王龙对决

径大约 10 千米的小行星撞击了地球，由此引发了一连串灾难性的后果，包括恐龙在内的很多生物都在此过程中灭绝了。

如今，我们还可以在地球上找到这颗小行星的遗骸，它们也成为现代人研究生命演化的重要依据。这并不奇怪，正如我们已经知道的，物质不会凭空消失，只会转化成新的形式保留下来。因此，哪怕只是一颗小小的流星，也可以在地球上留下痕迹。这些流星通常会在进入地球大气后，因为空气的摩擦而剧烈升温，最终发生解体或燃烧，最后只剩下细小的颗粒，飘散在空气中，最后落到地面。稍大些的流星，或许还能以陨石的形式落在地面，有的陨石以岩石为主，有的陨石则以金属铁为主。在人类还未学会冶铁技术以前，就是这些陨铁，提供了当时最顶尖的金属材料以供打造器物。

总之，大气层对地球而言，就如同是一张巨大的防护网，它迫使各类随意闯入的不速之客减低速度，甚至直接将它们"没收"，避免它们对地球造成巨大的破坏。

但是，6 500 万年前的这颗小行星实在是太大了，大气层也无可奈何，只能任由它横冲直撞。事实上，不只是空气组成的大气层，就连岩石组成的地壳，也没能阻挡住这颗庞然大物——它落地的一瞬间，就足以覆盖一座现代的大城市。而它的惯性又是如此巨大，顺势就砸入了地幔之中，只在如今的墨西哥，留下一处直径大约180千米的陨石坑，这也成为科学家们还原当时那场灾难的依据。在地球上，还没有哪次地震或火山会有这样恐怖的威力，也就难怪它居然能够终结这漫长的中生代。

对于恐龙生活的那个世界而言，并没有什么建筑物会受到损失，但是生命繁衍所遭受的危机，却真实地降临了。

巨大的撞击，迅速改变了地球的地质环境，地震和火山接踵踏来，海面更是漾出了有如山高的巨浪。剧烈碰撞带来的高温，还引发了长久不灭的山火，整个地球都充满了末日焚烧的气息，灰烬夹杂着小行星撞击时扬起的尘埃，随风扩散到各个角落，又降落到了地面。

霸王龙钟爱的园子被毁了。

和1815年印尼那场史无前例的火山爆发相仿，被尘雾笼罩的地球，已经不能接收到充足的阳光，大地陷入荒芜的冬天，光合作用显著减弱，大批植物因此不再生长繁殖，甚至就此灭绝。

对于那些食草的恐龙而言，植物不再生长，意味着食物开始短缺。它们为了生存艰难跋涉，但是地球虽大，却已没有任何一处能够给它们提供水美草肥的栖息地。终于，最后一头饥肠辘辘的食草恐龙也倒下了。

这个消息，对于霸王龙这样的食肉恐龙而言，如同是宣告了灭绝的倒计时。靠着随处可见的腐肉，它们或许还能挨过一段时间。可是，新的猎物不会再出现了，它们也支撑不了太久。

总之，恐龙时代结束了。

当我们总是反复讲述这段故事的时候，可曾想过，杀死恐龙的，真的就是那颗出乎意料的小行星吗？

的确，它把地球砸出了一片让人触目惊心的伤疤，无数的生灵因它流离失所，其中有很多都走向末路，从此只能蜷缩在土块岩石里，历经千万年的变化，也许从此深埋海底，也许有幸重见天日，成为博物馆中的"化石"。

恐龙的命运是悲惨的，所有恐龙家族都没能幸免于难。但是，恐龙又是幸运的——和恐龙一同灭绝的物种，都没有像它们这样受到关注。

每当我们郑重其事地仰望恐龙的骨骼化石，都会发出一阵惊叹：它们的体型，实在是太大了。

小行星没有光临的时候，硕大的恐龙是这个世界上最主要的消耗者，从微生物到植物，再到各种食草动物，它们勤勤恳恳地创造出各种食物，最终都献祭给那些凶猛的恐龙。显然，这就是一个围着恐龙组建起来的生物圈系统，物质在系统中流动，驱动生命繁衍不息。

而当灾难来临之时，这套系统渐渐失灵，恐龙赖以生存的园子也随之土崩瓦解。

恐龙消耗了最多的资源，自然也就成为这场灾难中最艰难的群体。由俭入奢易，由奢入俭难，这道理不只是在《红楼梦》中贾府的"大观园"里成立，同样也适用于恐龙生活的那个侏罗纪公园。

相反，发迹于中生代的哺乳动物，却在这场灾难中因祸得福。它们大体和现在的老鼠差不多，弱小的身躯根本不是恐龙的对手。只不过，恐龙属于爬行动物，体温会随着外界变化，夜间便休息了，体温能够保持恒定的哺乳动物就利用这个间隙寻找一点食物残渣。

就是因为生存需求如此卑微，哺乳动物才坚强地挺过小行星撞击后的黯淡冬日。进入新生代后，恐龙消失空出来的生态位，便由哺乳动物填补。如今，作为哺乳动物中的佼佼者，人类认为自己是这个星球的主人。

与其说，恐龙亡于那颗小行星，还不如说是倒在了自己的大体型上。地球虽然是一颗直径超过 1 万千米的大行星，物质资源异常丰富，但它需要妥善地经营，无法供恐龙这样的生物持续挥霍。相比于地球，10 千米的小行星就如同在我们脚边爬行的蚂蚁，但它却足以扰乱整个地球的物质输送系统，诚如一只蚂蚁也可以让人感到疼痛一般。

然而，即便没有这颗小行星，恐龙那粗放的生存方式，也不可能长期持续。地球表面的任何变化，都可能会让它们遭受灭顶之灾。最终，它们即便不落得黯然退场，大概也只能像鲸那样回到生命最初发源的海洋中，那里暂时还能给这些大体型的生命提供足够多的物质。

但，这也只能说是暂时。

生物链的物质流动

北冥有鱼，其名为鲲。鲲之大，不知其几千里也。

在庄子的《逍遥游》中，有一种纵横数千里的大鱼，生活在最遥远的北方大海之中。鲲还会变化成一种叫做"鹏"的大鸟，挥舞着数千里宽的翅膀，朝着南方的天池飞翔。

当然，现实中不可能存在这样的大鱼。迄今为止，人类在海洋中找到的现存鱼类中，最大的要数鲸鲨，它的身长可以达到 10 余米。而在海洋之中，我们还能找到蓝鲸这样的哺乳生物，它们的体长可以超过30 米，体重更是可以达到 180 吨，相当于三节复兴号列车的重量。实际上，在已知的研究结果中，蓝鲸也是地球诞生至今存在过的最大生物体。

地球上是否还会演化出更大的生物体呢？这个问题，并不只会吸引庄子这样的哲学家，同样也让科学家们百思不得其解。

可以肯定的是，如果还有这样的生物，那它一定不会出现在天空中，自然也就不会是"鲲"化作的"鹏"。

相对而言，地球表面的空气还是太过稀薄，即便是在海平面附近，其密度也不足水的七百分之一，若是爬上高山，空气就更稀薄了。正因为此，空气不可能提供太大的浮力，生物体若是要天际遨游，就需要耗费更多的力气，舞动翅膀，这样才能保持空中的姿态。

正因为此，如果鸟类的体型过大，例如鸵鸟和渡渡鸟，就只会在地面生活。即便是丹顶鹤这样能够飞起来的大鸟，通常也需要像跑道上的飞机一样，在一阵助跑后才能离开地面。

不只是天空，陆地上也承载不起特别庞大的身躯。因为万有引力的存在，任何动物都需要支撑起自己的重量。这对于昆虫大小的动物来说，的确不算什么，但是对于人类这般体型的动物而言，自重的影响就无法忽视了。正如我们已经知道的，坚硬的羟磷灰石组建了我们的骨架，让我们能够做出奔跑、跳跃这样的动作。但是，当一个人过于高大或肥胖时，即便是这样一副骨骼，也会变得似乎有些脆弱。

目前，陆地上最大的生物是象，它们的体重可以超过 6 吨。相比于已经灭绝的恐龙，大象只是算是小个子，而最重的恐龙大约有 100 吨，这也是已知的陆地生物极限体重。

未来的地球上是否还会出现更大型的陆地生命？科学家们对此问题的答案并不看好。这不仅是因为庞大的身躯对于骨骼带来的强大压力，更是因为，恐龙的灭绝，实质上也宣告了大体型生物对抗风险的乏力。

寻找更大生物，在地球上就只剩海洋这样的场景了。

海水可以提供更大的浮力，包括人类，都可以非常轻松地浮潜在海水之中，骨骼需要承受的压力也更小。事实上，很多人在骨骼受伤后，也会通过水下行走来帮助恢复，正是借助水的浮力，从而抵消了自重对骨骼的巨大压力。反之，若是鲸搁浅了，自身的体重就有可能会导致骨折。

不过，海洋生命更容易演化出"大块头"，更重要的原因，还在于充足的食物供应，这是地球物质流动规律所决定的。

在陆地上，无论是大象还是恐龙，最大的动物都是以植物为生。对它们而言，只要能够找到自己喜欢吃的树叶或青草，就可以安逸地度过一天又一天。植物将二氧化碳和水转化为葡萄糖以及其他有机物，食草动物都以此为生，食肉动物又以食草动物为食。整个过程形成了食物链，物质就在这个食物链中发生了转移。

食物链并不总是这样简单，它还可以形成更多层级。一条经典的食

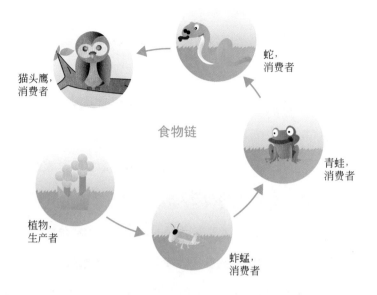

食物链

猫头鹰，
消费者

蛇，
消费者

青蛙，
消费者

植物，
生产者

蚱蜢，
消费者

物链发生在田野之间：白菜作为初始的生产者，利用光合作用制造出有机物；蚂蚱在田间跳动，找到适合自己的"自助餐"座位吃个饱；青蛙早就蹲守在低处，舞动的蚂蚱恰好给了它捕食的机会；蛇是青蛙的天敌，它没有错过美餐的时间；这一切都被夜间巡视的猫头鹰看在眼里，它一个俯冲就将蛇叼了起来。

在这条食物链中，白菜、蚂蚱、青蛙、蛇、鹰，物质在它们之间依次流动。蚂蚱可以消化白菜中的纤维素，转化自己所需的各种有机物，特别是蛋白质，而青蛙、蛇和鹰都能够消化其他动物的蛋白质。不过，物质的这种流动效率并不是很高，每一级食物链自下而上时，只有大约1/10的物质或能量会被利用。换言之，一只蚂蚱吃下10片叶子，也只有一片叶子转化为它所需要的成分，其余的物质，只是为了让它能够完成吃叶子的动作。

于是，随着食物链向上传递，物种所含的物质总量也会显著减少。白菜远比啃食它的蚂蚱更多，它也必须做到这一点才能够继续繁殖。同样，食物链底端的动物往往会形成数量优势，确保自己不会在生存竞争中灭绝。当蚂蚱形成蝗灾时，一群蚂蚱就有数亿只之多，远非青蛙的数量可比。至于这条食物链的最上层，鹰的数量就要少得多，难得让人发现它们的身影。

陆地生物想要拥有更大的体型，首要的前提，是食物必须十分充沛，这样才能有足够多的物质，转化为这些动物身体的一部分。能够满足这样要求的食物，就只有遍地生长的野草了。所以，我们也就不难理解，为什么只有食草动物才能生长出更大的体型了——它们的食物更充沛，它们在食物链所处的位置更低，可以被它们利用的物质自然也就更多。

和陆地相比，海洋真是个大宝库。正所谓"海纳百川"，很多化学元素在地球上的循环，都是以大海为最终的归宿，特别是氯和钠，它们从岩石溶解到雨水中，顺着江河入海，让海水变得越来越咸。而像碳、氮、磷这样一些生命中的主要元素，同样也参与了这样的循环，融入海洋。

正因为此，世界上几乎每一条大河的入海口，都会成为海洋生物的宴会场。在中国，长江入海口的南北两侧，分别形成了舟山渔场和吕四渔场这样的重量级渔场，就是因为长江经过 6 000 多千米的奔腾，带入海洋的，不只是泥沙，更有海洋生物赖以生存的各种元素。

不只是拥有更多的物质，海洋相对简单的环境，也让大型动物更有机会像饕餮那样不停地进食。就像蓝鲸，它只需要张开大嘴、滤食海水，海水中的巨量磷虾，就被它吞入腹内。有了如此充沛的食物来源和高效的进食方式，才成就了蓝鲸这样的深海巨兽。

饶是如此，相比于抹香鲸、虎鲸这样的齿鲸，仅以小型动物为食的蓝鲸，在生物链上的位置还是要更低一些。这也说明，它获取海洋物质的效率也要更高。

长期以来，人类一直都在海洋中寻找比蓝鲸更大的生物，但都是无功而返。借助于各种深海探测器，我们有机会到神秘的海底一探究竟，去寻找最终的答案。但是从物质流动的角度而言，我们无法想象，在海洋某个无人所知的角落，会存在一种"鲲"，它可以几乎无限地获取自身发育所需的物质，生长出令人惊叹的体型。

如果有，那可能就是我们人类自己。

被浪费的物质

在生物界中，人是一种大型动物，体型超过人类的生命，除了各种树木以外，能够叫出名字的现存动物寥寥可数。

在生命物质的大循环中，植物通常是生产者，而动物则是消费者。人类也是如此，我们需要吸入植物产出的氧气，消化它们合成的淀粉。当然，人类并不只以植物为食，相比之下，对肉食的兴趣还要更浓厚一些。到了现在，我们似乎已经走到了食物链顶端。

正如我们已知的，在食物链处于较高地位的动物，体型越大，自然也就需要更多的物质来支撑它。要紧的是，地球上活着的人类数量如今已经超过 80 亿，这个数字远远超过其他大型动物。以人类的近亲黑猩猩为例，它的体型和人类差不多，但它们的数量却只有几十万只而已。

所以，仅仅是为了像其他动物那样在地球上生存繁衍，人类就会消耗最多的资源，产出最多的废物。

不仅如此，人类在进入工业社会以后，对物质生活的追求也越来越高，对物质的利用效率却在不断降低——我们正在浪费越来越多的资源。

人类的祖先经历过茹毛饮血的年代，那时他们吃白菜的方式，和蚂蚱并没有太大的差别。在这个时期，白菜生产的有机物，可以被人类有效利用。

后来，火被人类掌握，我们的祖先又学会了烹饪。对食物进行加热，可以让其中的一些成分发生转化，特别是难以水解的蛋白质。如此一来，食物在被消化之后，会有更多的物质转化为身体所需。因此，有了火以后，物质从食物转化到人体内的效率，又上升了一个台阶。

然而，这样的效率提升并没有延续下去。

当李比希解开了植物生长的元素之谜后，肥料成了植物培育必不可少的一类物质，特别是最紧俏的 N、P、K 肥料。

人类在找寻 NPK 肥料时发现，氮、磷、钾这三种元素，植物虽然都很容易缺乏，但是缺乏的原因却各不相同。

氮是空气中最丰富的元素，只是氮气的化学性质太稳定了，除了豆类以外的绝大部分植物，都无法利用空气中的氮气。因此，只要开发出一种办法，把氮气转化为其他含有氮元素的物质，就可以源源不断地生产出氮肥。这项工作后来由李比希的同胞弗里茨·哈伯（Fritz Haber）解决了，他提出的合成氨工艺，可以让氮气和氢气发生反应，转化为氨气，而氨气就可以被加工成各类氮肥，能够被植物快速利用。

相比之下，钾元素倒是很容易被植物吸收，而且它也很常见——在地壳中，钾的丰度可以排到第七位，略低于海水中的"霸主"钠元素。然而，钾元素在地球上的分布并不均匀，有些地区过于丰富，有些地区却又过于寒酸。更重要的是，那些钾含量丰富的地区，常会因为气候因素不适合耕种，例如中国的罗布泊地区，就因为气候干旱成了荒漠戈壁。所以，开发钾肥的办法，就是给它们搬家，从罗布泊这样的地方送到农田。如今，曾经荒无人烟的罗布泊已经建立起雄伟的钾肥生产工厂。

最让人们难以释怀的元素是磷。在地球上，磷元素的含量算不得太多，而且分布也极不均匀。实际上，大多数生物在自然条件下生长时，都会面临缺磷的窘境。植物如此，动物如此，就连海水中微末的浮游生物也是如此。

在太平洋上，有一个名叫瑙鲁的国家，是世界上面积最小的岛国，比中国最小的省级行政区澳门还小了几分。

别看瑙鲁的地盘不大，却拥有异常丰富的资源。它刚好位于很多候鸟迁徙的路线上。茫茫无际的太平洋上，这座袖珍岛屿成了这些鸟歇脚的中转站，在这里进行补给后，再赶往下一个目标。

因为这个岛实在太小，以至于鸟类在此处栖息时，只能非常拥挤地聚在一起。如此一来，这么多鸟排泄的粪便，也在岛上集聚起来。日复一日，年复一年，巨量的鸟粪就堆得如山一般，成为岛上岩石的组成部分了。谁曾想，这些鸟粪，居然是一种宝藏肥料。

当瑙鲁的鸟粪化石被发现后，人们惊人地发现，它们其实已经转化成优质的磷酸盐，可以称得上是天然的磷肥。

就这样，围绕着这些鸟粪，德国、英国、日本、澳大利亚数次争夺对瑙鲁的控制权，这样就能抢占这些磷肥资源。直到1968年，在联合国的支持下，瑙鲁才获得自由，成为主权独立的国家。

可是，在近一百年的磷肥开采权的争夺中，瑙鲁的磷资源早已被开采殆尽。瑙鲁人在经历了开采磷肥带来的短暂巨富后，很快陷入贫穷，如今更是成为犯罪分子的天堂。

问题是，那些被开采出来的磷元素都去哪儿了呢？

这是一个令我们感到恐慌的故事。

人类在施用肥料的时候，只有极少部分会被植物利用。特别是磷肥，因为不当滥用和吸收效率的局限，超过95%的磷元素都不能转化为植物的一部分。

换言之，如果一块鸟粪中含有1 000个磷原子，我们经过开采，大约会有800个磷原子能够被作为磷肥使用——这样的采集效率已经不低了。这些磷肥被运到白菜地后，只有不到40个磷原子会被白菜吸收，而当这些白菜成为人类的食物时，我们只利用了其中大约4个磷原子。如果我们没有直接吃白菜，而是把白菜给猪吃了，等我们再吃猪肉时，那么能够被我们利用的磷原子甚至还不足1个。

那些被浪费的磷原子，就会在江河的作用下，被排放到海水中。此时，早就饥渴难耐的浮游生物终于盼来了它们日思夜想的磷元素，报复

赤潮

性地开始繁殖，甚至能够在海边引发一场赤潮。那赤红的潮水，似是混入了鲜血，让人不寒而栗。

事实上，赤潮对很多生命而言都是死亡的讯息，海水中溶解的氧气会在短时间内被消耗殆尽，大量鱼类、虾蟹、贝类、爬行动物乃至哺乳动物都会因为缺氧而丧命，酿就一场生态灾难。

一阵喧嚣之后，逝去的生命体裹挟着大量的磷元素沉入海底。

现在，你应该知道，为什么尽管海纳百川，海洋对巨型生物而言，也不过只是暂时安全的栖息地了吧？

天地间，人为贵

最近半个世纪来，人类已经逐渐认识到，如果按照目前这样粗放的物质利用方式，我们怕是也要重蹈恐龙的覆辙——我们已经成为地球物质流动过程中最显著的环节之一，远甚于侏罗纪时代的恐龙，以至于很多科学家都认为，按照地质年代划分，现在应当属于显生宙新生代第四纪人类世，人类活动已经让地球表面发生了巨大变化，或许不亚于

6 500 万年前那场小行星撞击地球的事件。

为了争夺资源，人类曾经爆发过无数次争端：有一些是和其他物种竞争，剑齿虎和猛犸象这些生物再一次因为体型过大而永远消失；更多的冲突来自人类内部，智人这个物种融合了尼安德特人，又在一次次"内战"中衰退、重生。

实际上，世界人口并非是一路逐步增长到现在的数十亿，而是总在曲折发展，有时候甚至还走到过灭绝边缘。距离我们最近的一次危机发生在大约 11 万年前，地表温度骤降，步入"大冰河时期"，直至大约 1.2 万年前才结束。

在一片白茫茫的冰冻星球上，任何物质都变得极为珍贵。这场变故，正是剑齿虎和猛犸象灭绝的直接原因，但是人类并没有因此获得足够多的战利品，最艰难的时候，整个地球上也只剩寥寥数万人。

即便是在大冰河时期结束后，也还是会时不时地进入小冰河时期，平均气温比正常情况下低了一两度。这样的温度变化看似不大，却会让粮食作物严重减产。历史学家在对明朝进行研究时，猜测明朝末期中国人口骤减，除了战乱的原因外，恐怕主要还得归结为当时正处于小冰河时期。

如今，世界人口如此庞大，而我们对资源的消耗与浪费又是如此严重，一旦地球表面的物质流动过程出现差池，必然就会带来更为严重的冲突——又有谁知道，在这样的冲突之后，是否还有重生的机会呢？

所以，人类开始学会自救，也必须要开始自救。

像磷元素这样的物质，并不只是瑙鲁的鸟粪出现了枯竭，全世界的磷矿都已告急。人们之所以恐慌，是因为按照生命的规律，磷元素不可或缺也无可替代，但是对于那些沉入海底的磷元素，我们却又只能望洋兴叹。

于是，新的肥料技术正在发展，以便植物能够更高效地吸收这些磷元素。更重要的是，通过环境治理，可以让磷元素的流失变得更慢一些。还有一些方法，是从我们的废弃物中回收磷元素，其中也包括人类的排泄物——某种程度上说，这也是鸟粪带给人类的启发。

如今，地球上探明的磷资源还够人类使用大约 50 年，但是，只要我们提高效率，就可以让这个时间显著延长——如果 1 000 个磷原子中，我们能够利用的部分从 4 个提升到 40 个，那就意味着，留给我们的时间还有 500 年。

但是，还有很多物质，它对我们的意义并不只是简单的资源。

1973 年，第一次石油危机爆发，人们突然发现，原来石油也面临枯竭的风险。实际上，石油是深埋于地下数百万年乃至上亿年的生物化石，它们曾经可能是藻类、细菌，也不排除会是一些动物，其中也包括恐龙。这些生物体中富含的脂肪类物质，会因为深埋于地下难见天日，最终转化为以碳和氢两种元素为主的有机物，这便是石油。

所以，如果我们持续不断地开采石油，那么总有一天，石油会被我们消耗干净。因此，当学术界揭示这个奥秘后，人们立刻意识到问题的严重性。在现代工业体系下，石油可以用来生产衣服面料、汽车轮胎和各种塑料，更是交通工具中的主要燃料。没有了石油，生活会变得难以想象。

　　几十年过去了，石油依然是人类社会中的战略资源，但人们也惊奇地发现，总是会有新的油田会被发现，石油似乎源源不断。另一方面，关于石油的成因，也出现了更多的理论依据，似乎并不总是需要花上数百万年才能形成。如此看来，石油枯竭的风险，还不足以形成真正意义的"石油危机"。

　　然而，另一个幽灵却在撬动着人类敏感的神经。

　　当我们尽情燃烧了上百年的石油与煤炭后，地球却在悄然发生着变化。2022 年，大气层中二氧化碳的平均浓度将会突破 0.42‰，相当于空气中每 100 万个分子中，就有 420 个是二氧化碳分子。这个数字，大约是工业革命发生前的 1.5 倍。事实上，仅仅是在 7 年前的 2015 年，这个数字也才刚刚突破了 400 而已。

　　毫无疑问，我们正在加速向空气排放二氧化碳，这已经远远超出植物通过光合作用所能吸收的程度。

　　二氧化碳是一种温室气体，它让地球更容易吸收阳光中的能量。因

面临融化的冰川

此，越来越多的二氧化碳，就好比是把地球裹成了蔬菜大棚，地球表面的温度会因此显著增加。

当地球表面的温度突然下降时，小冰河时期会让粮食减产。但是，当地球温度突然上升时，由此带来的全球气候变暖也会造成同样的结果。比这更令人担忧的是，更温暖的空气会让气候变得更加极端，冰川融化更是会导致海平面上升。到那时，瑙鲁面临的问题已不再是消失的鸟粪，而是整个岛屿都可能会消失。

而这一切，都源于我们对资源的过度消耗。

追求更好的生活，并不能被称为贪婪。但是人类对于物质世界的影响，却又往往充满了无知者无畏的情怀，以至于一点蝇头小利就可以让不同的族群世代为仇。石油危机引发的动乱可以说明这一点，这远比"贪婪"的后果更严重。

面对全球变暖的窘境，人类正在放下成见，无论是哪个国家还是哪个民族，都决定坐下来，重新认识物质科学的规律，一同探讨未来的出路。

矿化固碳

在中国，雄心勃勃的"碳达峰"与"碳中和"计划正在执行当中。在这项计划中，到 2030 年，全中国排放的二氧化碳总量将达到最高值，自此以后，排放量会逐步降低；到 2060 年，全中国排放与吸收的二氧化碳将达到平衡。

为了实现这样的"双碳"目标，新的产业也在推进之中，它们不再依赖于石油这样的特定资源，也凝结了无数人的智慧。我们甚至可以说，它们是中国的工程，但是成果属于整个人类。

在青海海西州，太阳能光电板正在铺设之中；在河北张家口，氢能源汽车开进了冬奥会场馆；在金沙江上，白鹤滩水电站续写三峡水利枢纽的奇迹；在黄海边，全国最大的风电场张开叶片呼吸海风……

借助于这些科学技术，我们改变了人类对于物质惯有的利用方式。在获取有用资源的同时，减少甚至避免向环境中排放废物，让地球的物质循环依然保持着平衡。

"人猿相揖别，只几个石头磨过，小儿时节。"在天地之间，人是最特殊的生物，智慧的大脑让我们能够认识物质，同时审视自己。也正因为此，我们需要承担更多的责任，善待物质世界。

不再浪费，不再无知，这是我们与物质之间的全新关系，也是人类免于恐龙命运的唯一选择。

也只有这样，我们才能再一次发自内心地思考那个古老的问题：物质是什么？

9　物质是什么

回到我们畅游物质世界的起点，闭上眼睛想一想：物质是什么？

当我问起这句话的时候，就已经传递了一段信息，你感知到这段信息，并顺着我所提的问题，开始思考它。

我们之间的交流，本质是意识层面的——你需要理解我所说的文字。这一点，和信息所在的载体并无关系。换句话说，不管你现在是从纸张还是电子设备的屏幕上看到这段话，首先都需要在意识上去理解它，所以它和你的意识相关。相反，一个外星人，如果完全没有接触过地球上的文字，即便获取了同样的纸张或是屏幕，他也无从解读。事实上，人类早就遭遇过同样的困惑，我们至今还无法完整破译古埃及文字或甲骨文，以至于我们无法准确地知晓数千年前发生过的那些事。甚至只是一百多年前的历史，也留给我们

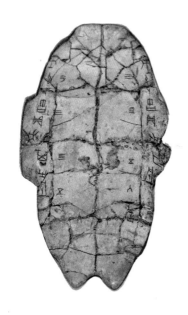

难以破译的甲骨文

很多空白，也许再也没有机会揭秘。

另外一方面，我们总是会问起：恐龙是怎样灭绝的？这个话题经久不衰，于是艺术家们借助于小说、电影之类的各种形式发挥想象，科学家们也不甘落后，找出 6 500 万年前小行星撞击地球的证据。我们并不怀疑，正是这场灾难，让恐龙走向灭亡，还好鸟类作为它们的后裔幸存至今。不止如此，还有数亿年前出现的生命形式，46 亿年前的太阳系，还有 138 亿年前的宇宙，都是我们好奇的对象。

因为信息的缺失，我们很难和自己的祖先交流。但我们又如何跨过上亿年的层层阻隔，去和那些恐龙乃至非生命的天体或粒子交流？这实在是一件令人匪夷所思的事情。

诚然，我们总是希望更详细地弄清楚离自己更近的那些事，所以对于千百年来的这些记忆，我们总会觉得历史记载得太过简单，不足以解答所有疑问。至于那些比恐龙更遥远的故事，我们只想问个是非，根本不在意它们的编年史。

但这并非是本质缘由，我们的身体中就蕴藏着某些答案。

在传统的遗传学理论中，父母遗传给孩子的 DNA，就决定了这个孩子未来的各种特质。然而，更进一步的研究却发现，事情远不是这么简单。

举个例子，当父母备孕之时，刚好遇上了饥荒。在这种条件下生育出来的孩子，成年之后会比那些和饥荒无缘的孩子更容易发胖。

研究人员猜测，父母将自己对饥荒的记忆以某种形式遗传给了孩子，尽管 DNA 中记录的遗传密码并没有什么差别，但是孩子却继承了这种对于饥饿的恐惧，对食物有着更高的热情，也更容易变胖。

也就是说，对于外界环境的反应，或许会以某种形式刻在我们的基因之中，并没有经历饥荒的孩子却在内心深处存在着对饥荒的记忆。如今，对这种可能性的思考，已经被纳入到方兴未艾的"表观遗传学"之中。

更进一步说，我们是否也拥有更久远的记忆，只是并不知道它们以何种形式左右着我们的意识？

这当然也是有可能的。

很多人都有过这样的体会：一个从未到达过的地方，或者一个从未经历过的场景，当自己第一次身临其境之时，却感觉曾经来过，或是感觉曾经梦到过这一切。很遗憾，今天的科学界对此并无准确的解释。但我们几乎可以肯定，这不会是通灵，也不太可能会是时空穿越，而是有着属于这种现象的物质基础。

当我们把尺度拉到更长的时间轴上，还可以察觉更清晰的脉络：

作为无尾生物的人类，却有极少数个体会出现返祖现象，仿佛数百万年前的祖先那样长出尾巴——然而他们并没有携带尾巴生长所需的基因，至今我们还不知道这种远古记忆从何而来；

病毒被认为是地球上最原始的生命形态，也遍布整个地球，不管人类是否愿意，都不得不与它们结识，有时还会产生激烈的冲突——然而在人类的 DNA 中，存在着很多原本属于病毒的密码片段；

水是地球生命诞生的关键要素，单细胞生命经过数十亿年的演化成就了人类，而在人体中，占比最多的物质还是水，我们的祖先逐水而居——我们和水的亲密关系，是否早在单细胞生命的阶段就已经奠定？

构筑我们的各种分子，可以追溯到地球早期的地质运动。

构筑我们的各种元素，可以追溯到太阳系的形成之日。

构筑我们的所有物质，可以追溯到宇宙的诞生之时。

我们当然不会相信，宇宙中的那些简单粒子具备和人类一样的意识，但是在人体之中，它们的确又是我们人类意识的载体——这样看起来有些矛盾的表述，才真正揭示了物质世界的真谛。

从最基本的粒子，到只有一个质子和一个电子的氢原子，到一百多种不同的元素，到水和二氧化碳这样的小分子，再到蛋白质与核酸这样的复杂分子，物质经过漫长的发展，最终形成了生命物质，又从原始生命一路演化成人类。可以说，人类走到今天，就是一部物质的演化史，我们的身体早就打上了物质演化的烙印。这些烙印，并不会因为时间久远而消散。因此，我们不只是会对祖先创造的文明感兴趣，还会花费精力去探索物质的起源——那也是我们自己的起源。

物质，就是我们自己。

主要参考文献

[1] 拉瓦锡．化学基础论 [M]．任定成，译．北京：北京大学出版社，2008.

[2] 达尔文．物种起源 [M]．舒德干，译．北京：北京大学出版社，2005.

[3] 阿尔伯特·爱因斯坦．狭义与广义相对论浅说 [M]．张卜天，译．北京：商务印书馆，2018.

[4] 史蒂芬·霍金．时间简史 [M]．许明贤，吴忠超，译．长沙：湖南科学技术出版社，2010.

[5] 莱纳斯·鲍林．化学键的本质 [M]．卢嘉锡，黄耀曾，曾广植，等译．北京：北京大学出版社，2020.

[6] 埃尔温·薛定谔．生命是什么 [M]．张卜天，译．北京：商务印书馆，2018.

[7] 曹天元．上帝掷骰子吗 [M]．沈阳：辽宁教育出版社，2006.

[8] 马克·米奥多尼克．迷人的材料 [M]．赖盈满，译．北京：北京联合出版社，2015.

[9] 施普林格·自然旗下的自然科研．自然的音符：118 种化学元素的故事 [M]．Nature 自然科研，编译．北京：清华大学出版社，2020.

[10] 吉姆·巴戈特．完美的对称 [M]．李涛，曹志良，译．上海：上海世纪出版集团，2012.

[11] 瓦茨拉夫·斯米尔．能量与文明 [M]．吴玲玲，李竹，译．北京：九州出版社，2021.

[12] 尼尔·德格拉斯·泰森，唐纳德·戈德史密斯．140 亿年宇宙演化全史 [M]．阳曦，译．北京：北京联合出版社，2019.

[13] 孙亚飞．元素与人类文明 [M]．北京：商务印书馆，2021.